準媽媽的
孕期宮內事

U0078435

做好卸貨前的準備，一起迎接新生命的誕生！

孕前準備　孕期祕辛　生產過程　產後護理

跟隨醫師來一趟280天的生命旅程

· 老一輩說胎兒越大，出生後才越健康？
· 孕吐吐個沒完，會不會影響寶寶？該怎麼緩解？
· 孕產婦不可忽視的子癇前症，嚴重者可能危及性命！
· 懷孕初期的流產，其實是大自然的淘汰機制？
· 認識妊娠高血壓、妊娠糖尿病、孕期溼疹等孕期疾病
· 愛吃酸生兒子、愛吃辣生女兒，民間傳說有沒有根據？

京虎子 著

目錄

前言
第一章　懷得上

孩子，想好了再生 ························· 10

如何快速懷孕？ ························· 12

精子清洗 ····························· 15

孕期基因診斷 ························· 20

排卵期出血 ··························· 24

濾泡刺激素 ··························· 27

備孕 ······························· 31

男人如何備孕？ ······················· 33

尿與懷孕 ····························· 35

高齡懷孕的風險 ······················· 38

著床出血 ····························· 41

生育新知 ····························· 43

保胎 ······························· 46

目錄 ――――――――――――――――――――――

第二章　安全度過孕期

羊水 ………………………………………………… 56

非侵入性產前胎兒檢測 ………………………… 60

絨毛膜取樣術 …………………………………… 63

羊膜穿刺 ………………………………………… 66

接種 HPV 疫苗期間懷孕了怎麼辦？ ………… 69

懷孕話題 ………………………………………… 72

孕期溼疹 ………………………………………… 78

懷孕與癌症 ……………………………………… 80

孕婦打噴嚏 ……………………………………… 83

孕吐 ……………………………………………… 86

懷孕期間的常見感染 …………………………… 93

懷孕期間氣短 …………………………………… 96

孕婦抽筋 ………………………………………… 99

孕期用藥 ………………………………………… 101

懷孕期間高血壓 ………………………………… 106

子癇前症 ………………………………………… 108

孕期腹痛 ………………………………………… 112

孕婦感冒了，怎麼辦？ ………………………… 114

孕婦應該接種哪些疫苗？ ……………………… 119

胎位 ……………………………………………… 124

第三章　孕期的日常生活

懷孕禁忌 …………………………………………………… 130

懷孕怎麼吃水果？ ………………………………………… 132

懷孕能吃海鮮嗎？ ………………………………………… 134

懷孕期間能做愛嗎？ ……………………………………… 136

懷孕和哺乳期能不能進行牙科治療？ …………………… 139

孕婦與維他命／礦物質 …………………………………… 142

懷孕和哺乳期可以染髮嗎？ ……………………………… 145

孕婦應該怎麼運動？ ……………………………………… 147

孕期能不能愛美？ ………………………………………… 149

養寵物會使孕婦流產嗎？ ………………………………… 152

孕婦能不能用香水？ ……………………………………… 156

孕婦怎麼睡？ ……………………………………………… 160

懷孕初期失眠 ……………………………………………… 162

孕婦之夢 …………………………………………………… 164

第四章　生得下

早產 ………………………………………………………… 168

鬼門關 ……………………………………………………… 173

剖腹產 ……………………………………………………… 177

保護新生寶寶不被感染 …………………………………… 180

剖腹產會不會影響再次懷孕？ …………………………… 183

目錄

順產的嬰兒是否更聰明？ ……………………………………… 185

酸兒辣女是規律嗎？ …………………………………………… 187

胎兒越重越健康嗎？ …………………………………………… 189

選擇胎兒性別 …………………………………………………… 193

第五章　產後

產婦要不要坐月子？ …………………………………………… 198

妊娠紋 …………………………………………………………… 201

產後掉髮 ………………………………………………………… 203

產後憂鬱 ………………………………………………………… 205

前言

　　對於女人來說，懷孕是人生頭等大事。

　　懷孕是一場為時 280 天的苦樂交集，是一場難以用文字表達的經歷。從懷孕開始到結束，有太多的未知，太多的初體驗，太多的手足無措，因此等孩子出生後，再回首時便有許多遺憾和悔不當初。

　　正常情況下，懷孕應該是有計畫、有準備的，尤其在與懷孕有關的健康知識上，應該在懷孕之前就有充分的了解，並且在懷孕期間不斷地加強和補充。

　　然而，大多數初次懷孕的人關心的是如何懷孕、胎兒如何一天比一天大、如何順利生產，而忘記了還有「健康懷孕」之說。

　　在懷了二胎、生了二胎的人們中，大部分人依然忽視「健康懷孕」這個主題。

　　人生從零開始，一個人一生的健康在某種程度上取決於在母親子宮中的那段時光。

　　女人不是生育機器，懷孕也不應該對女人的健康造成不可逆的傷害。大多數孕婦最終都能平安生下孩子，但並不保證能夠生下一個非常健康的孩子。

　　孕婦和胎兒的健康取決於是否擁有正確的育兒知識，而現

前言

在社會上充斥著各種良莠不齊的資訊，身處這樣的育兒環境中，妳該怎麼辦？

為了妳和妳肚子裡的孩子，每天花上一小時學習可靠的醫學知識。

從這本書開始。

第一章　懷得上

孩子，想好了再生

　　沒孩子的被催生，有孩子的被催生二胎。生個孩子絕對不是怎麼爭取懷上那麼簡單，現在家裡養隻貓、養條狗都那麼精打細算，更不要說養孩子了，這一養起碼得養到他們高中或大學畢業。

　　若干年前某天，有一位同事很感慨地說：「今天把孩子的最後一筆大學學費匯過去了，我終於解脫了。」

　　這一晃就輪到我有這麼一天了，把最後一筆五位數的學費轉過去後，想起來美國有一種說法叫「讀私立學校的學費相當於一棟房」，這指的是房價便宜的地方；對於我們來說，相當於每年從山頂上推一輛中古車下去，連續推了四輛，才有資格參加孩子大學的畢業典禮。

　　美國的一項研究顯示，生育會讓女人衰老 11 年，這是從染色體端粒（telomere）長度上推算的，實際情況未必如此。生育對於女性來說，無論從生理上還是心理上都會產生很大的影響，這個影響不全是負面的，也有很多益處，特別是陪伴孩子成長的經歷，這是無法替代的，人生最大的樂趣和真正的意義就在於此。

　　近年來全球生育率越來越低，特別是已開發國家，其中一個主要原因是出於現實的考量。

孩子，想好了再生

　　生養孩子會徹底改變一家人的生活，有經濟上的負擔、生活上的壓力、因為帶孩子而不得不和老人同住，進而出現諸多矛盾等等。除此之外，還有孩子健康和教育方面的問題。

　　許多人是在有了孩子之後才注意相關的科普知識，漸漸糾正自己的錯誤觀念，因為有了孩子之後就會面臨很多健康問題。幼兒正處於發育階段，發育過程中難免產生各種疑難雜症；孩子免疫力較差，容易生病，由此衍生出看病、治病、預防疾病等多方面問題。不少家長臨時抱佛腳去補課和學習，往往走很多彎路。孩子的教育問題也一樣，無論是智力還是心理方面，出現的問題總是讓人應接不暇。

　　這些過來人的經驗和教訓匯總出來，一言以蔽之：孩子，要想好了再生。

　　不要光想生下來誰帶、有沒有經濟條件，而是要考量到能不能讓孩子健康地成長、能不能把孩子教育好。

　　升格為父母，自己首先要合格。比如抽菸的問題，這不是簡單的父母抽菸對備孕有沒有影響的事情，而是是否做好了當父母的準備的事情。家裡有人抽菸，再怎麼防備，也無法避免二手菸和三手菸的危害，這是對孩子非常不負責任的行為，會從健康上害了他們一生，因此要先戒菸，確保小家庭是一個無菸環境，才能開始備孕。

　　很多人都有不良的習慣，應該先改正再考慮生孩子的事情。

第一章　懷得上

　　教育上也同樣需要有所準備，想一想我們自己成長過程中的經驗教訓，尤其是如何不讓孩子走你我的彎路；衡量一下現階段子女教育的大環境，從而調整自己對子女的教育思路。孩子的天賦很重要，家庭環境和父母的努力更加重要。

　　就拿我兒子來說，論天賦，周圍的孩子大部分都在他之上；但從求學來說，他是勝出者。原因就是吸取了我自己的經驗和教訓，讓他能夠揚長避短，在如此激烈的競爭環境中突圍。

　　無論如何，生孩子是值得的。至少在我們行將離開這個世界的時候，有一個或幾個人陪伴在我們身旁。

如何快速懷孕？

　　最近有一篇澳洲科學家的研究論文問世了。這項研究由5,500 多名澳洲、紐西蘭、愛爾蘭和英國的女性參加，她們之前都沒有生過孩子，等她們懷孕到了 15 週的時候，調查她們從備孕開始，吃水果、綠葉蔬菜、魚、漢堡、炸雞、墨西哥捲餅、薯條、披薩的情況。這些女性的體重大多處於平均值，平均年齡 28 歲，都是自然受孕成功的。

　　研究結果發現，吃最多垃圾食物、最少水果的人，與吃最多水果、最少垃圾食物的人相比，要多花 2 ～ 3 週才能受孕成功。但是，沒有發現吃綠葉蔬菜和魚與懷孕速度之間的關係。研究人員認為，可能是垃圾食物中大量的飽和脂肪酸影響懷孕。

　　多吃水果是否有助於懷孕還不好說，但多吃健康食物應該有助於懷孕，當然前提是得兩個人一起努力，不僅女方要吃健康食物，男方也要吃健康食物，這是兩個人的責任。

　　某專業網站上有一個關於如何盡快懷孕的知識測驗。先看題目：

1. 做愛的頻率，是每天一次或每兩天一次，還是只在排卵期做愛？
2. 做愛應該採取什麼體位，傳教士體位還是女方高抬腿，或者無所謂？
3. 緊身內褲會導致男方不孕，對還是錯？
4. 預測懷孕能力的最佳自然方法是：月經週期、體溫還是黏液變化？
5. 如果能確定排卵日的話，是在當天和之前兩天做愛，還是在當天和之後兩天做愛？
6. 早上行房比晚上行房容易懷孕，對還是錯？
7. 停用口服避孕藥後馬上懷孕是否危險？
8. 哪種情況不需要擔心：喝咖啡、抽菸、節食？
9. 備孕期戒酒的原因是，你可能已經懷孕了或者會減少生育力，還是兩者都對？
10. 若需要潤滑，應該選擇潤滑劑還是菜籽油？

第一章　懷得上

再看答案：

1. 正確答案是每週 2～3 次。懷孕速度在很大程度上是拼體力，精子生成和成熟需要時間，所以不能過度頻繁。
2. 正確答案是體位無所謂，精子不是死的，它具備游動能力。
3. 正確答案是錯，只有三溫暖和溫泉有可能影響精子品質，內褲只影響舒適度。
4. 正確答案是黏液變化，不過需要很細心才能發現。
5. 正確答案是當天和之前兩天做愛，因為精子能存活幾天，卵子則須在 24 小時內受精。
6. 正確答案是錯，時間無所謂，關鍵在於「做」。
7. 正確答案是不危險，目前研究認為口服避孕藥對胎兒無害。
8. 正確答案是喝咖啡，但國外也建議控制在每天 2 杯以內。節食不可取，但要吃得健康，超重和肥胖者應該減肥。
9. 正確答案是兩者都對。
10. 正確答案是菜籽油，因為潤滑劑會減緩精子的游動速度。

除了上述這些，檢查身體、改善生活習慣、吃原型食物、減少壓力也有助於盡快懷孕。

精子清洗

　　精子清洗（sperm washing）說的是將精子和精液分開的操作過程，用於人工授精技術之中，這種辦法可以降低男性人類免疫缺陷病毒（human immunodeficiency virus, HIV）感染者傳播 HIV 的風險，實際上這個技術的出現正是為了讓男性 HIV 感染者能有自己的孩子。

　　性行為是 HIV 傳播的主要途徑之一，從男人傳到女人是因為男人的精液裡面有 HIV，所以在性生活的時候要戴保險套，這不僅能避免 HIV 傳播，同時還有效發揮了避孕功能。

　　男性 HIV 感染者也有生育的權利，而且也有可能在不把 HIV 傳給伴侶的情況下生出 HIV 陰性的孩子（圖 1）。既要能讓伴侶懷孕，又不能將 HIV 傳給伴侶，也不能生出 HIV 陽性的孩子，以目前的醫學技術來說是能夠做到的。

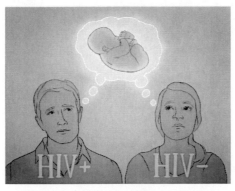

圖 1　丈夫（HIV+）與妻子（HIV-）

第一章 懷得上

　　首先需要分析一下男性的精液，看看有沒有生育能力，因為 HIV 陽性男性比 HIV 陰性男性更容易出現生育問題。如果檢查出有問題，就不要忙著懷孕了，先恢復生育能力吧！這時還應該檢測是否患有其他性傳播疾病，如果有的話，就要加以治療。

　　如果生育能力正常，下一步是吃抗 HIV 藥物，盡可能將血液中的 HIV 滴度（titer）抑制到無法檢出的水準（圖 2），此時體內雖然還有 HIV，但傳播能力已經大大降低了。國外在同性戀和異性戀者中進行的研究發現，HIV 感染傳播風險甚至可以降到 0。

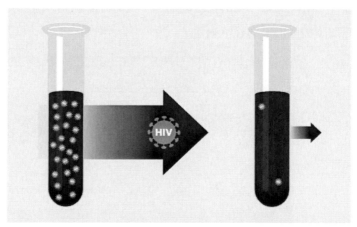

圖 2　降低血液中 HIV 滴度

　　再接下來就有幾種辦法了：

一是不戴套了，其他措施也不採取了，但這樣雖然傳播 HIV 的風險很低，卻無法完全排除風險；比較保險的是只在排卵期做愛，這樣在病毒滴度已經到了無法檢測到的程度下，被感染 HIV 的風險會進一步降低。

二是 HIV 陰性的女方吃抗 HIV 藥物，即暴露前預防性投藥（pre-exposure prophylaxis, PrEP）。PrEP 藥物讓女方主動預防 HIV 感染，國外的治療研究證明這種方法可以將感染 HIV 的風險降低至 8%，即防護率達 92%，超過使用保險套所達到的 80% 防護率。目前一些權威機構建議高危族群每天吃 PrEP 藥物，但是也有研究認為當病毒滴度已經到了無法檢測的程度時，PrEP 就無法提供額外的保護了。根據現有的研究，PrEP 藥物在懷孕初期服用是安全的，而在非洲進行的研究也發現，母親服用 PrEP 藥物，嬰兒出生後並沒有負面影響，因此為了保險起見，還是建議女方口服 PrEP 藥物（圖 3）。

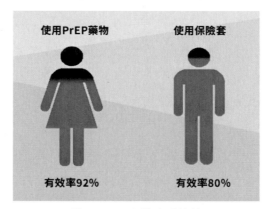

圖 3　HIV 預防方式比較

　　三是精子清洗，因為 HIV 只存在於精液中，精子本身是沒有 HIV 的，如果將精子和精液分開，就能夠預防 HIV 傳播。同時，精子清洗還可以選擇健康的精子，不健康的精子和死精子會隨著精液一起被分離掉，這樣可以提高之後人工授精的成功率。

　　關於精子清洗是否能夠 100% 預防 HIV 傳播，目前還有爭論，到目前為止，20 年來已知的所有經過精子清洗而出生的嬰兒均為 HIV 陰性。國外相關部門分析了 914 例精子清洗，發現精子清洗後 HIV 陽性率在 0 ～ 20% 之間，證實精子清洗並不能100% 保證無 HIV 感染；而 914 例嬰兒及其母親均為 HIV 陰性，說明雖然不是 100% 保險，但安全係數相當高。

　　精子清洗的辦法有 3 種（圖 4），最常用的是密度梯度離心法（gradient density centrifugation），將精子和精液分開，

同時將不同品質的精子分開；額外的方法是在離心後特別選取活力強的精子；向上游動法（swim－up）不靠離心，而是在精液上放置培養液，只有健康的精子能夠游過來。

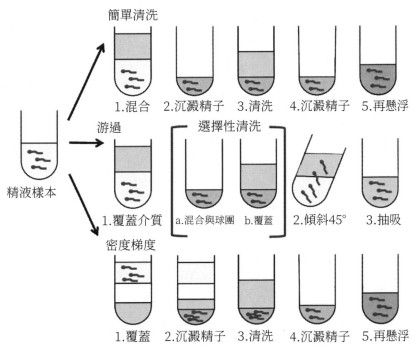

圖4　精子清洗的辦法

精子清洗之後可以透過聚合酶連鎖反應（polymerase

chain reaction, PCR）等方法檢測精子，看看是否確實為 HIV
陰性，以確保精子清洗的安全性。

孕期基因診斷

備孕事大，除了吃葉酸（folic acid）、減肥、運動、保持良
好的生活習慣、戒菸、遠離二手菸等，還要計算排卵期，另外
還有一件重要的事 —— 查一查有無遺傳疾病的風險。

根據美國的資料，有 3% 的新生兒因為遺傳學因素導致出生
缺陷（birth defect），是新生兒死亡的頭號原因。全美有 2,400
萬罕見遺傳性疾病患者，30% 的罕見遺傳病患兒存活不到 5 年。

怎麼樣判斷有遺傳病的風險？

一是家族中有人罹患某種遺傳性疾病，二是種族性，不同
種遺傳病往往在不同的種族上高發，比如以下的例子。

- **歐洲白人**：囊狀纖維化（cystic fibrosis, CF）。
- **東歐猶太人**：囊狀纖維化、神經節苷脂儲積症（ganglio-
  sidosis）、卡那凡氏症（Canavan disease，家族性軸突海
  綿退化）、家族性自律神經失調症候群（familial dysau-
  tonomia syndrome）。
- **黑人和地中海後裔**：鐮刀型貧血（sickle cell anemia）、
  地中海型貧血（thalassemia）。

- **東南亞人**：地中海型貧血。
- **法國白人**：囊狀纖維化、神經節苷脂儲積症。

美國婦產科醫師學會（American College of Obstetricians and Gynecologists, ACOG）建議所有備孕夫婦篩檢囊狀纖維化，美國醫學遺傳學和基因組學院（American College of Medical Genetics and Genomics, ACMG）則建議所有備孕夫婦篩檢脊髓性肌肉萎縮症（spinal muscular atrophy, SMA）。

體染色體遺傳病的遺傳方式主要有兩種：

一種是體染色體顯性遺傳（圖5），即父母有一方患病，遺傳病基因存在於非性染色體上，則子女有50%的機率患病，50%的機率正常。

另一種方式是體染色體隱性遺傳（圖6），父母雙方都是帶原者，子女有25%的機率患病，50%的機率成為帶原者，25%的機率正常。大多數遺傳病都是體染色體隱性遺傳，因為在顯性遺傳病中，父母只有一方攜帶致病基因，生育後代的比例少，遺傳該疾病的就少。

第一章　懷得上

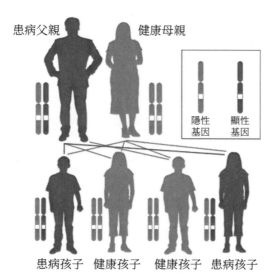

圖 5　體染色體顯性遺傳

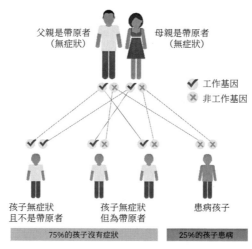

圖 6　體染色體隱性遺傳

　　隱性遺傳子女只有 1/4 的患病機率和 1/4 的正常機率，而成為無症狀帶原者的可能性高達 1/2，因此隱性遺傳的比例很高。在茫茫人海中，只要遇見和你攜帶同一種遺傳病基因的人，並和他（她）孕育後代，就有機率生出罹患這種遺傳病的孩子。這就是一種緣分，產前遺傳診斷的目的正是為了發現這種緣分。

　　另外舉一個性染色體遺傳病的例子：

　　諸如脊髓性肌肉萎縮症和 X 染色體脆折症（fragile X syndrome, FXS）是存在於 X 染色體上的突變，如果母親攜帶這種突變，子女得到這種突變的風險為 50%，男孩如果得到這種突變，因為只有一個 X 染色體，會受到嚴重影響，女孩則通常無症狀。

　　目前美國基因篩檢可以檢測出 274 種體染色體隱性遺傳突變和 X 染色體突變，經過血液或者唾液檢查，10～14 天報告出爐。

　　產前遺傳診斷的益處在於做好準備，即事先了解是否有懷遺傳病胎兒的風險，而不是等懷上甚至生下來再做決定。

　　如果產前遺傳診斷發現男女雙方都沒有攜帶體染色體隱性遺傳突變和 X 染色體突變基因，皆大歡喜，努力造人去吧！

　　如果產前遺傳診斷發現男女只有一方攜帶體染色體隱性遺傳突變基因，胎兒成為帶原者的機率雖然不低，但患病的機率非常低，基本上也可以放心。如果女方攜帶 X 染色體突變基因，或者雙方都攜帶體染色體隱性遺傳突變基因，就要考慮怎麼辦了。

如果決定冒這個風險，就要有心理準備，事先考慮清楚：如果會生下有遺傳病的孩子，家庭要承擔很大的責任，並付出一定的代價。

如果不想冒險，有以下幾種選擇：

· 試管嬰兒結合胚胎植入前遺傳診斷（preimplantation genetic diagnosis, PGD），即在受精卵植入前進行遺傳診斷，如果基因有問題的話則不植入，以確保植入的受精卵沒有遺傳病。

· 考慮被捐精或者被捐卵，這樣至少有一半算親生的。

· 領養，徹底不生了。

排卵期出血

排卵期出血（ovulation bleeding）屬於子宮異常出血的一種。

何謂子宮異常出血？子宮異常出血包括：非月經期間出血，經期出血太多或太少，懷孕期間、更年期後、初潮（第一次月經）之前等情況下子宮出血。

子宮異常出血的原因很多，比如感染、多囊性卵巢症候群（polycystic ovary syndrome, PCOS）、罹患其他疾病等，還比如吃避孕藥和使用避孕環而導致出血；還有一些很少見的原因，比如過度健身鍛鍊，嚴重的甚至有可能閉經（amenorrhea）；還有壓力太大、甲狀腺機能亢進症（hyperthyroidism）等。

排卵期出血很常見，雖然不是所有女人都有，但如果只是少量出血，沒什麼大問題。

月經期結束，雌激素（estrogen，動情素）水準升高，子宮內膜變厚，為受精卵著床做準備。排卵之後，黃體素（progesterone）水準逐漸上升，如果沒有受孕，黃體素水準下降，月經就來了。

如果黃體素在排卵期間沒有達到一定的水準，子宮內膜就會因無法維持而脫落，進而出現陰道出血。

如果出血很少，又是在兩次月經期間，大概就是這個原因。

但是不管怎麼說，這種陰道出血還是應該請醫生檢查一下，排除排卵期出血以外的其他原因。

上面提過，服用避孕藥或者放置避孕環引起的子宮異常出血就較為常見了，因為口服避孕藥本身就是激素。如果發生出血，可以換一種避孕藥，免得總是擔心。倘若不想有這些麻煩，就使用保險套吧！同時還能預防性病。

如果月經期結束後又出血，很大原因是大腦（下視丘、垂體）、子宮和卵巢還沒有協調好，可能要調整幾個月甚至幾年才能恢復正常。

如果是性生活後出血，就要注意了，特別是在沒有防護或

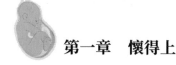

第一章　懷得上

者有新的性伴侶的情況下，要看看是否染上性病；也有可能是宮頸柱狀上皮異位（cervical ectropion），就是大家常說的子宮頸糜爛（cervical erosion）；也有可能是子宮頸息肉（cervical polyp）；極罕見的情況是子宮頸癌（cervical cancer），所以遇到這種情況要去醫院檢查一下。

如果是懷孕後的非正常出血，則可能預示流產（miscarriage）、子宮外孕（ectopic pregnancy）；陰道黏膜受損傷後可能會出血；感染會導致子宮頸發炎，對化學物質過敏也會導致子宮頸炎，而子宮頸炎會導致出血。

30歲以上女性異常的非經期出血要考慮子宮內膜癌（carcinoma of endometrium），而小於30歲的肥胖女性也有可能罹患該病。

35歲以上女性的非經期出血更要注意：

子宮肌瘤（uterine myoma）會導致子宮異常出血，但子宮肌瘤不是惡性腫瘤；另外一種會出血的子宮內膜增生症（endometrial hyperplasia）雖然也是良性疾病，卻有癌變的可能。

女性在更年期之前也可能出現子宮異常出血。更年期女性如使用荷爾蒙療法（hormone therapy），也可能出現子宮異常出血。

更年期之後，任何陰道出血都屬於一定要查清楚的異常現象。

好了，排除上述因素，基本上就是排卵期出血了，這不需

要特殊處理。

濾泡刺激素

濾泡刺激素 (follicle-stimulating hormone, FSH) 從名字上看是女性激素，其實男女都有。最早發現這種激素對女性卵泡成熟有刺激作用，就以此命名了，可是後來發現男人體內也有這種激素，但名字已成定局，就這樣將錯就錯了。

FSH 的作用

FSH 是由腦部的腦下垂體前葉 (anterior pituitary) 分泌的，對於女性和男性的作用不同。

- **女性**：FSH 幫助控制月經週期和卵子的產生，在卵子釋放之前，FSH 的水準最高。如果沒有 FSH，女性就無法繼續其生殖週期，卵巢不會釋放卵子。
- **男性**：FSH 幫助控制精子的生成，男性的 FSH 水準通常維持恆定。

FSH 水準升高，對於成人來說，女性更年期後 FSH 水準會升高，除此之外，高 FSH 說明正常的負回饋 (negative feedback) 缺乏，導致腦下垂體不受限制地分泌 FSH。如果發生在生育年齡，高 FSH 者往往生育力低下或者不孕，因此可以作為一個可靠的指標，這些異常包括：

第一章　懷得上

- 過早停經；
- 卵巢過早老化；
- 性腺發育不良、透納氏症候群（Turner syndrome, TS）；
- 閹割；
- XY 性腺發育不良；
- 某些先天性腎上腺增生症（congenital adrenal hyperplasia, CAH）；
- 睪丸衰竭；
- 克氏症候群（Klinefelter's syndrome）；
- 全身性紅斑狼瘡（systemic lupus erythematosus, SLE）。

FSH 水準低下是因為性腺功能減退，男性表現為無法產生足夠的精子，女性則停止生殖週期，這些異常包括：

- 多囊卵巢症候群，或者同時有肥胖症、多毛症（hirsutism）和不孕症；
- 卡門氏症候群（Kallmann syndrome）；
- 下視丘功能障礙症候群（hypothalamic dysfunction syndrome）；
- 腦下垂體功能低下；
- 高泌乳素血症（hyperprolactinemia, HPRL）；
- 性腺功能低下症（hypogonadism）。

FSH 檢測的目的

FSH 檢測是一項很簡單的血液檢查，適用於不同族群。

女性

· 評估不孕問題；
· 評估月經不調或者停經，如果 FSH 水準高，就表示進入更年期了；
· 診斷腦下垂體異常和卵巢相關疾病，如果不排卵，FSH 水準或者高或者低。

男性

· 評估精子數量低；
· 評估性腺功能減退或性腺衰竭；
· 評估睪丸功能障礙。

兒童

可以評估是否性早熟（sexual precocity）或者青春期延遲（delayed puberty）。

FSH 檢測的指標

很多藥物會改變 FSH 檢測結果，如西咪替丁（Cimetidine）、可洛米分（Clomifene）、洋地黃、L - 多巴（Levodopa），口服避孕藥也可能影響結果，所以在檢測前 4 週要停用這些藥物。

第一章　懷得上

如果 7 天之內做過甲狀腺篩檢和骨髓篩檢，使用了放射性示蹤劑（radioactive tracer），也會干擾結果。

老菸槍的檢測結果也會受到影響。

FSH 的正常值：

- 18 歲以上男性：1.42 ～ 15.2U/L
- 更年期後女性：25.8 ～ 134.8U/L
- 育齡女性卵泡期：3.5 ～ 12.5U/L
- 育齡女性排卵期：4.7 ～ 21.5U/L
- 育齡女性黃體期：1.7 ～ 7.7U/L

可能的話女性最好多檢測幾次，以便獲得整個月經週期 FSH 水準的數據。

FSH 檢測往往要結合其他性激素的檢測結果來判斷，對於衡量 40 歲以下族群的生育力與判斷更年期是否提前，FSH 檢測結果是很重要的。

FSH 治療

在不孕治療和試管嬰兒方面，FSH 用於刺激排卵。

使用 FSH 的副作用包括增加多胞胎的機率、增加流產和早產的風險、乳房疼痛或腫脹、情緒波動和憂鬱、卵巢過度刺激症候群（ovarian hyperstimulation syndrome, OHSS，包括卵巢增大、腹痛和腹脹）。

備孕

有一對備孕中的小夫妻詢問孕前要注意什麼、看什麼書，這是一種非常值得嘉獎的態度。生孩子是自然過程，人類的生殖能力是生而具備的，不必擔心自己能不能生，而要考慮能否生出健康的孩子。

之所以備孕，是因為隨著現代醫學的進步，醫學界有很多懷孕相關的健康知識，在懷孕之前用這些知識做好準備，改變自己不健康的生活習慣，這樣才能確保胎兒的健康。

備孕的準備如下：

· **葉酸**：準備懷孕了，頭一件事是馬上吃葉酸。缺乏葉酸會導致出生缺陷，因此女性在懷孕前 3 個月就要開始每日吃 400 ～ 1,000μg 的葉酸，至少吃到懷孕後 3 個月。綜合維他命片裡面含葉酸 400 ～ 1,000μg，夠一天的需求量；也可以吃葉酸片。吃綜合維他命或者其他補充劑時要注意一下維他命 A 的含量，如果攝取過量，有可能適得其反，導致出生缺陷。

· **體檢**：男女雙方做一次全身體檢，建議做一下遺傳病的檢查，看看是否攜帶囊狀纖維化、鐮刀型貧血等基因。女方去看一下牙科，需要處理的問題先處理，倘若智齒有問題就拔了。如果自己或者家族有憂鬱症史，建議先去看身心科醫生。

第一章　懷得上

- **戒掉不良習慣**：接下來男女雙方各自檢查一下有什麼不良習慣。首先是戒菸，生活和工作中有二手菸的也要盡可能避免；其次是酒精，不要再飲酒了；咖啡因攝取量也要控制在每日 200 ～ 300mg，包括咖啡、茶、運動飲料、巧克力等都要限制；亂吃藥、迷信各種偏方也是不良習慣；艾灸也要避免，因為灸煙也對健康有害。

- **吃健康飲食**：每天吃 5 份水果蔬菜，透過鮮奶或優酪乳來攝取鈣，並確保飲食均衡。要努力減少在外用餐的次數，養成自己煮飯的習慣。魚要吃，但為了避免重金屬汙染等問題，國外建議每週限制在 2 次之內。

- **維持健康的體重**：男女雙方都要將體重控制在正常範圍內，超重者和肥胖者要減肥，如果體重過輕（尤其是女方），要盡快把體重增上來。

- **運動**：制定一個切實可行的運動計畫並堅持下去，但是女方不要從事劇烈運動和存在肢體碰撞的鍛鍊項目。

- **避免傳染病**：男女雙方都要檢查一下自己的衛生習慣，須養成勤洗手少接觸的習慣，注意清潔和飲食衛生，少去人多的地方，並且接種流感疫苗。

- **避免環境汙染**：空氣品質低時外出要戴口罩，在室內安裝空氣清淨機。注意家用化學品，盡量避免使用有害的化學製品。蔬果食用前要清洗和處理，以避免農藥殘留。

- **不要濫用藥物**：中藥、保健食品、滋補品要慎用，尤其注

意藥膳中的中藥，不可自行服用，須聽取醫生建議。自癒性疾病或症狀（比如普通感冒和咳嗽）也不建議自己吃藥，需要到醫院諮詢醫生後再決定。

做好這些後，就可以考慮懷孕了。

正常的懷孕是透過性生活完成的，性生活正常的話，在一個月內懷孕的機率為 15%～25%，因此不要著急。年紀較長的女性懷孕機率會低一點，但也不要著急。

適當做愛一定能增加懷孕的機率，每週 2～3 次的機率最高。計算排卵期的辦法也很有效，因為在排卵前 4～5 天加上當天做，通常都會成功，所以至少每隔 5 天做愛一次。

通常情況下，堅持 3 個月就能懷孕，也有人運氣差一點，需要更長時間。萬一堅持一年了還沒有懷孕，就應該看醫生了。

男人如何備孕？

正常的懷孕是男女雙方的事，然而備孕往往被認為是女人的事。實際上對於男性而言，不僅要幫忙帶孩子、分擔家務，還要關心老婆的產後憂鬱、調節婆媳之間的矛盾，而且從備孕階段就要參與進來。

備孕就是有計畫地懷孕。現在關於懷孕和避孕的知識已經很普及了，完全可以決定要還是不要孩子，以及何時要孩子。無計畫的懷孕可能是因為性教育不足，也可能是因為不負責

第一章　懷得上

任。首先，這種無準備的懷孕往往代表著危險性行為，如果有一方的性生活很隨便，這種危險性行為便是性病傳播的主要途徑之一，比如愛滋病。其次，這種無準備的懷孕，胎兒異常的比例高，因為沒有經過充分備孕這個過程。

第一件事是先清理家裡的藥櫃，把所有過了有效日期的藥都扔掉，包括上面沒有有效日期的藥物；其次，看看有沒有下列藥物：西咪替丁、柳氮磺胺吡啶（Sulfasalazine, SSZ）、呋喃妥因（Nitrofurantoin）這類消化道藥物，強體松（Prednisone）、可體松（Cortisone）這類糖皮質素（glucocorticoid），這些只是從影響精子品質的層面考慮。

第二件事是看看家裡和工作環境裡有沒有存在影響精子品質的東西，如殺蟲劑、農藥、化肥、鉛、鎳、汞、鉻、乙二醇醚、石化產品、苯、四氯乙烯，還有放射線。如果因為職業的原因不得不大量接觸這些東西，就應該採取防護措施，不要讓精子的品質受到影響。

如果要慎重一點，就去檢查一下精子，倘若精子數量低，可能是缺乏鋅，可以多吃肉類、蛋、蕈菇、海鮮和全穀，也可以短期吃綜合維他命片，葉酸更應該吃。

同時，檢查一下有無性病，有性病就治療，沒有的話，繼續預防。

有一些疾病會影響生育力，要加以改善或控制，例如第一

型糖尿病。

如果有抽菸習慣需要馬上戒菸，因為會影響精子功能。也要戒酒，更不要吸食毒品。

肥胖會影響生育力，要減肥並且控制體重。

接下來要做的事情是要保持睪丸冷卻，因為熱對精子的殺傷力很大，在備孕期間不要洗三溫暖、不要泡熱水澡，也不要做任何熱敷類的事情，不要穿太緊的內褲。

最後是運動，做一些中等強度、高頻率的運動，每天進行一小時左右的中等強度運動，最好分成兩次。這些運動不包括騎腳踏車，因為騎車會使睪丸過熱，進而影響精子品質。

之後就是浪漫一點，放鬆一點，每週做愛2～3次。

其他備孕的準備：包括如果不會做家事的就要學會做家事，不會煮飯的就要學會煮飯，不會疼老婆的就要學會疼老婆，因為有了孩子後，家裡的事情會比平常多好幾倍，夫妻必須共同分擔，而且男人要多主動承擔一點。

如果還有其他亂七八糟的嗜好，比如愛和狐朋狗友群聚打牌、熬夜打遊戲之類的，要從這時開始放棄了，你要成為一個爸爸了。如果這些都做不到，還是別要孩子了。

尿與懷孕

尿和懷孕的關係太密切了，懷疑自己懷孕了，可以悄悄不

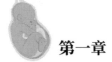

第一章 懷得上

聲張，去買一支驗孕棒，驗孕棒用起來很方便，而且結果也很容易辨認，有出現兩條或者一個加號的，甚至還有電子版的，會顯示字幕告訴妳懷孕多久了。

驗孕棒檢測的是人絨毛膜促性腺激素 (human chorionic gonadotropin, hCG)，當受精卵著床到子宮壁之後，血液中就會出現 hCG，通常是在受孕後第 6 天出現，hCG 的水準每 2 ～ 3 天加倍，到懷孕 8 ～ 11 週達到最高水準。尿液檢測則要等到受孕的第 12 ～ 14 天，所以驗血會更早知道是否懷孕。

驗孕棒的準確率據說可達 99％，但實際應用過程中並沒有那麼高，很大程度上是因為使用過程中操作失誤，有 10％～ 20％的人沒有及時檢測出來，往往是因為月經不調或者其他原因，算錯日子了。

得到陽性結果通常來說不會錯，但仍需要去看醫生做進一步確認。偽陽性很罕見，有可能是因為早期流產、某些藥物、卵巢腫瘤、肝病、腎衰竭等原因，還有可能是驗孕棒的品質問題。

得到陰性結果並不代表沒有懷孕，偽陰性很常見，驗孕棒廠商建議隔幾天或一週後再驗一次。造成偽陰性的原因有：使用方法有誤、檢測時間太短、尿液被稀釋了、等待結果的時間太短、驗孕棒的品質有問題等。

說到尿，其實尿在懷孕初期就會給出一些徵兆。首先是排尿次數變多，因為懷孕後黃體素水準升高，導致心臟加快工作，這是為日後供血給胎兒做準備工作，這樣一來腎臟過濾的

血液增加，就會導致尿量增多。所以如果上廁所的次數增多，就要考慮是否懷孕了。

除了尿量變化之外，尿的氣味也會發生變化，比平時氣味重，尤其是水分攝取不足時，氣味就更重了。與此同時，也會感到口渴，因為身體增加供血，對水的需求加大了，這些也可以作為懷孕的初期症狀。

不過要是等頻尿之後才想起要驗孕就太粗心了，因為往往在停經 6 週左右才會出現多尿的情況，所以如果月經該來而沒來就要驗孕。

到了第二孕程，由於子宮抬高，對膀胱的壓力有所緩解，多尿的情況會好轉；到了懷孕的最後一個月，因為胎兒下沉，多尿症狀又開始嚴重了，晚上會多次起床上廁所，嚴重影響睡眠，連笑、咳嗽、打噴嚏、運動等都會漏出少許尿。

不管怎麼樣，不能因此而限制喝水，因為自己和胎兒都需要穩定的水分供應。另外還有一點，多尿可以預防和控制泌尿道感染（urinary tract infection, UTI）。懷孕期間免疫功能下降，加上懷孕導致的身體結構變化，孕婦容易出現泌尿道感染，比例高達 1/3。泌尿道感染主要是腸道菌群造成的，少數是因為 B 型鏈球菌（*Streptococcus agalactiae*）造成的，後者不僅需要口服抗生素，在生產時也需要靜脈輸液。有 5%～ 10%的泌尿道感染是無症狀的，所以多排尿是對付泌尿道感染的一個很

有效的辦法。

　　針對懷孕期間多尿的問題，這裡有三點建議：一是每次排尿都尿乾淨；二是減少或避免攝取咖啡因，因為咖啡因有利尿作用，不僅是咖啡，還有茶、巧克力、各種機能性飲料等也含有咖啡因；三是上床前不要喝水或飲料，這樣多少可以減少半夜上廁所的次數。但真正能夠解決懷孕期間多尿的煩惱只有等孩子生下來，這也是懷孕的「苦樂」之一吧！

高齡懷孕的風險

　　各國和地區女性初次懷孕的年齡相差很大，最年輕的是安哥拉人，平均 18 歲；年齡最大的是希臘人，平均 31.2 歲。亞洲的韓國和日本女性是 30.2 歲，新加坡是 29.8 歲；中國也上升到了 26.24 歲，已接近美國；臺灣則為 31.09 歲，高於韓國和日本。

　　美國女性的頭胎懷孕年齡逐年上升，2014 年為 26.3 歲，2015 年為 26.4 歲，2016 年為 28 歲，而且 30 ～ 34 歲年齡組女性生育率第一次超過 25 ～ 29 歲年齡組。

　　這種越來越晚生育的趨勢是教育、就業、避孕措施的改善，社會與文化環境轉變，缺乏幼兒照顧、福利低，試管嬰兒

技術的進步，以及工作、住房、經濟等各種因素造成的，而且這種趨勢會在很長一段時間內持續下去，很多女性會選擇 35 歲以後再生孩子。

35 歲以上懷頭胎，各種風險都會提高的，疊加在一起，就使得 35 歲成為高齡懷孕的分界線。

生育力下降

首先，到了這個歲數，雖然懷孕不是問題，但花的時間就會久一點。年輕的時候，一不小心就懷上了，到了 35 歲以後，想懷就沒有那麼容易了。

女人的卵子數目在出生時基本上就固定了，到了生育年齡之後，卵子品質會逐年下降，35 歲以後，卵子受精就沒那麼容易了。有一項早期的人工授精研究發現，31 歲以下女性一年內人工授精成功比例為 74%，31 ～ 34 歲為 61%，35 歲以上就只有 54%。

另一方面，丈夫的歲數也大了，精子的品質也在下降，這樣從兩個方面都增加了懷孕難度。

想解決這個問題，也可以這兩個方面入手，比如提早冷凍保存卵子和精子。

遺傳病

高齡產婦的胎兒染色體異常的比例高，高到什麼程度？

第一章　懷得上

以唐氏症（Down syndrome）為例，25 歲的孕婦中發生比例為 1：1064，30 歲為 1：686，35 歲為 1：240，40 歲為 1：53，45 歲為 1：19。

當然，正常的機率還是很高的，因此對於高齡產婦往往直接做羊膜穿刺（amniocentesis）進行遺傳病篩選，但是羊膜穿刺會增加流產的風險。

解決的辦法是做好產前遺傳診斷，其中最有效的是在胚胎植入前進行遺傳學診斷，將遺傳病和染色體異常都檢查一遍，同時還可以選擇胎兒性別，但這是一種很奢侈的辦法。

流產和死產

正因為染色體異常的比例高，加上卵子本身的原因，高齡產婦流產的比例很高。20 ～ 24 歲孕婦流產率為 8.9%，45 歲以上為 74.7%。

高齡產婦死產（stillbirth）的風險也增加了 1.2 ～ 2.23 倍，18 ～ 34 歲孕婦死產率為 0.47%，35 ～ 40 歲為 0.61%，40 歲以上為 0.81%。

35 歲以下孕婦在懷孕後期（39 ～ 40 週）出現死產的比例為 0.1%，35 ～ 39 歲為 0.14%，40 歲以上為 0.2%。

怎麼辦呀？

最好的辦法是及早懷孕。

併發症

高齡產婦罹患妊娠糖尿病（gestational diabetes mellitus, GDM）、妊娠高血壓（gestational hypertension）的風險高，出現前置胎盤（placenta previa）和臀位（breech presentation）的機率也高，因此剖腹產的比例就高。產後出血、早產、出生體重低或者高的發生率及產婦死亡率等都有所提高，但關於早產、出生體重低與孕婦年齡的相關性，目前還存在爭議。

另外一點是高齡產婦懷雙胞胎或者多胞胎的機率較高，如果借助人工授精，機率就更高了，這樣一來出現妊娠併發症（complications of pregnancy）以及上述其他風險的機率再度上升。

如果能夠避免高齡懷孕（特別是高齡初產）的話當然最好，但若是無法避免，或者為時已晚，高齡懷孕並不意味著一定會出問題，大多數高齡產婦與胎兒都很健康、很正常。高齡產婦要比非高齡產婦更為周密地進行產檢和保健，保持運動習慣、吃原型食物、不亂吃保健食品，這樣的話年齡就只是一個數字。

著床出血

有夫妻備孕很久，但月經仍然來了，先別急著沮喪，有一

種出血，不是月經到訪，而是新生命到來的訊號，那就是著床出血（implantation bleeding）。

　　精子和卵子結合後就是受精卵了，受精卵經輸卵管來到子宮，在路上就開始一個變兩個、兩個變四個地分裂成囊胚（blastocyst）。到達子宮後，囊胚找個好的地方吸附在子宮壁上，這就是著床。之後它就會在原地待 9 個月，慢慢成長為一個新生兒。

　　著床通常發生在受精後的 1～2 週，在著床的時候可能會導致輕微出血，大約 1/3 的孕婦會發生這種情況，這是一種完全正常的現象。

　　著床出血常常比預計的月經早來幾天，顏色和經血不一樣，從粉色到深褐色或黑色，量很少，出血時間不會超過 48 小時，很多人只有幾個小時的少量血點，著床出血可能伴隨輕度和暫時經痛樣（dysmenorrhea）表現。

　　著床出血只是懷孕初期症狀之一，除此之外還有情緒變化、疲倦、頭暈、頭痛、乳房腫脹、噁心嘔吐、便祕、暴食或厭食、體溫升高等。

　　著床出血是正常現象，通常沒有危險，也毋須治療，多數情況下不用擔心。但如果血流大又不是月經的話，可能是懷孕併發症，需要就醫。

　　懷孕中的出血並不都是著床出血，有以下幾種情況：

- **流產**：15%的懷孕在孕期最初幾個月中止，大多數情況會流血和痙攣，如果出血伴隨痙攣的話，也要立即就醫。
- **子宮外孕**：胚胎在子宮外著床，導致疼痛並出血，子宮外孕很危險，要立即就醫。
- **做愛出血**：排除以上原因及子宮頸病變的可能，這是荷爾蒙導致的，會自行停止。

生育新知

BRCA1（breast cancer 1）基因

BRCA1 基因突變、BRCA2 基因突變與乳癌、卵巢癌、輸卵管癌、腹膜癌有關，尤其是 BRCA1 基因突變。人類中 BRCA1 變異基因帶原者的比例為 0.1%，BRCA2 為 0.2%，屬於罕見的基因突變。

就拿乳癌來說，女性一生罹患乳癌的機率為 12%，BRCA1 變異基因帶原者在 70 歲之前得乳癌的機率為 55%，BRCA2 變異基因帶原者在 70 歲之前得乳癌的機率為 45%。

電影明星安潔莉娜·裘莉（Angelina Jolie）是家族性 BRCA1 變異基因帶原者，母親、外祖母、阿姨都因此死於相關癌症，她母親 49 歲時被診斷罹患卵巢癌，56 歲去世。她本人罹患乳癌的風險為 87%，罹患卵巢癌的風險為 50%，為此她

第一章　懷得上

2013 年切除了雙乳，2015 年又切除了卵巢和輸卵管。切除後雖然無法徹底絕緣這些腫瘤，但風險大大地降低了。

上述癌症早期診斷不易，因此對攜帶這兩種變異基因的女性的建議是及早生孩子，這樣到 40 多歲時如果罹癌，可以較無牽掛地切除卵巢、輸卵管或者乳房。

最近的一項研究發現，BRCA1 變異基因帶原者的抗穆氏管荷爾蒙（anti-Müllerian hormone, AMH）較平均值低 25%。AMH 可以作為卵巢內卵子數量的指標，據此可以判斷 BRCA1 變異基因帶原者的卵子較少。

根據這個新研究成果，BRCA1 變異基因帶原者更應該及早生孩子。

BRCA1 基因突變和 BRCA2 基因突變很罕見，因此不必緊張。

壽命

女人壽命比男人長，似乎兩性生理上就是這麼設計的，但有一項研究別出心裁。這項研究分析了美國 14 萬人的生育資料，得出這樣的結論：女人比男人壽命長的原因之一是生的孩子變少了。

19 世紀上半葉美國男性平均壽命比女性多 2 年，到 20 世紀上半葉女性平均壽命比男性多 4 年，在此期間，女性從平均生 8.5 個孩子下降到平均生 4.2 個孩子。此外，研究發現生 15 個孩子以上的女性比只生 1 個孩子的女性少活 6 年，她們的丈夫在壽命上則沒有區別。當然，這只是美國的統計資料。

飲食

　　有一項動物實驗，餵懷孕小鼠喝果糖水，與喝水的對照組相比，果糖水餵養組生下來的小鼠有好幾項心臟病的危險因素，如高血壓、肥胖等，尤其是雌性小鼠。這項實驗的意義在於很多飲料和加工食品中有大量的果糖，所以在懷孕期間要少喝各種飲料、少吃加工食品。

　　妊娠糖尿病很常見，影響 5% 的孕婦，它會增加罹患高血壓的風險，甚至影響到生產結束之後的 16 年。一項長期追蹤發現，吃富含水果蔬菜和全穀的健康飲食可以將妊娠糖尿病患者罹患高血壓的風險降低 20%。

　　總有人問懷孕能不能燙頭髮、洗牙、看電影等等，從理論上講這些都可以，但更值得關心的是妳吃什麼。

疫苗

　　美國每年有 1% 的妊娠以胎死腹中為結局，總數達 24,000，其原因不明，危險因素包括出生缺陷、基因問題、胎盤或臍帶問題、母親的疾病、母親 35 歲以上以及母親抽菸、肥胖、有流產史、多次懷孕等。一項研究發現，接種流感疫苗可以將胎死腹中的風險降低 51%。流感疫苗對孕婦是安全的，而且是非常必要的。

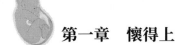

保胎

懷孕是一件讓大多數人高興的事，流產則是一件讓大多數人不高興的事。如果是有計畫的懷孕，流產一定是非常傷心的結局，於是就出現了「保胎」這個概念，以及形形色色的保胎藥物與保胎方法。

流產不少見

有一個事實尚未被人們意識到 —— 流產是很普遍的，在已經察覺出自己懷孕的孕婦中，流產率為 10％～ 20％，如果把還察覺不到的懷孕也算進去的話，流產率就會達到 30％～ 50％這個讓人吃驚的程度。80％的流產發生在懷孕初期，即懷孕後 13週內。流產又與年齡有關，30 歲以下孕婦流產率約為 10％，35 ～ 39 歲孕婦流產率達到 20％，40 歲以上孕婦流產率達到 45％，45 歲以上孕婦流產率就超過 50％了。丹麥的一項研究發現：48 歲以上孕婦流產率高達 84％。因此，想要預防流產，首先要做的就是不要太晚生孩子，30 歲以後懷孕，流產的機率就開始增加了。

為什麼會流產？

如果流產發生在懷孕初期，通常是因為胚胎有問題。如果流產發生在懷孕中後期，則大多是母親的原因。

受精卵有 30％～ 40％的機率會流掉，在懷孕初期，多達

2/3 的人流掉的受精卵有染色體異常的情況，造成這種染色體異常的原因還不清楚，而這些受精卵是無法正常發育成胎兒的，所以這類流產可以算是人體的主動「墮胎」（spontaneous abortion），通常也不會在同一個孕婦身上反覆出現。

懷孕初期流產的原因還有黃體素水準低下、胎盤問題。

懷孕中期流產的原因主要有子宮畸形（uterine malformation）、子宮肌瘤、子宮頸閉鎖不全（cervical incompetence）、臍帶問題、慢性病、感染、食物中毒、藥物、多囊性卵巢症候群等。

在很多情況下，流產的原因無法確定，有 5% 的女性會反覆流產。

根據上面的介紹可以看出，很大比例的流產其實是不可避免的，再怎麼保也無法生出正常的嬰兒。

改變生活習慣

丹麥哥本哈根大學的科學家們在 1996 ～ 2002 年調查了 91,427 位孕婦，其中 3,177 位在懷孕 22 週之前流產。在懷孕 16 週的時候，研究人員對孕婦進行問卷調查，了解她們懷孕前後的生活習慣，如果已經流產了，就詢問流產前的生活習慣。結果發現年齡、飲酒、舉起 20kg 以上重量的重物、夜班、肥胖與流產有關。

第一章　懷得上

　　根據這個調查結果，科學家總結出從生活習慣上保胎的 5 個原則：

- · 在 25 ～ 29 歲之間懷孕；
- · 懷孕期間不飲酒；
- · 懷孕前體重正常；
- · 懷孕期間每天提重物不超過 20kg；
- · 只在白天工作。

　　把握這 5 個原則可以預防多大比例的流產？

　　25.2％。上面說過了，多數流產是不可能避免的，改善生活習慣只能避免那些可以避免的流產中的一部分。

　　在懷孕年齡上，盡量不要超過 35 歲。在體重上，過重與過輕都不好。體重超重的女性最好在懷孕前減肥，懷孕以後減肥並不能減少流產的風險。

　　控制體重最好的辦法是健康飲食和保持規律的運動習慣，散步和游泳都很適合孕婦，如果平時不運動，就要從懷孕之前開始養成天天運動的習慣。

　　除了上面的 5 條之外，不抽菸、遠離二手菸和毒品是每對備孕夫妻與準父母必須嚴格遵守的。

　　有證據顯示攝取過量的咖啡因會增加流產的風險，所以孕婦每天的咖啡因攝取量要控制在 200 ～ 300mg，也就是 2 杯咖啡所含的咖啡因的量。

黃體素

黃體素又稱孕酮，懷孕期間，胎盤產生大量黃體素，此時黃體素水準是未懷孕時的 10 倍，黃體素水準升高會一直持續到胎兒出生。

正因為孕期黃體素會升高，讓孕婦吃或者注射黃體素從理論上來說似乎可以形成保胎的作用，前幾年一度成為保胎的「神器」，但近年來醫學界權威人士對此抱持反對的態度，呼籲停止濫用黃體素。

前面說過，流產大部分發生在懷孕初期，黃體素預防懷孕初期流產的證據都來自一些小型或設計不完善的試驗，整合分析（meta-analysis）發現黃體素是不能預防懷孕初期流產的，即便黃體素不足，補充黃體素也無濟於事。

黃體素被美國食品藥品監督管理局（Food and Drug Administration, FDA）批准用於預防早產，從 16 週開始，不晚於 20 週，每週打一針，一直到 37 週。預防早產也算是保胎，但只給有早產史的孕婦使用，而且不能是懷有多胞胎的孕婦。

從黃體素預防早產的臨床試驗結果上看，僅僅對有早產史的單胎孕婦有效，而且只能預防 1/3 的早產發生。例如：使用黃體素後，這類高危族群的早產率為 37%，對照組為 55%，而且有很大一部分臨床試驗並未發現注射黃體素有益於母體。

在安全性上，現有資料認為，黃體素對母親、胎兒及日後

第一章　懷得上

發育是很安全的，因此使用黃體素的女性也不必擔心孩子日後
會出現問題。

預防感染

保胎有個保字，這個保是保護的意思。

為胎兒提供的第一個保護是找一個好的婦產科醫生，最好
孕期全程看同一個醫生。如果懷孕是有計畫的，最好在備孕的
時候就找好。好醫生的概念不是看年資和職稱，也不是看是不
是在公立醫院，而是看知識的更新程度。

同樣需從備孕就開始採取的措施是疫苗接種。在懷孕前 20
週罹患德國麻疹（German measles）的話會導致流產和出生缺
陷，如果小時候沒有接種過德國麻疹疫苗或者麻疹、腮腺炎、
德國麻疹混合疫苗（MMR），或者自己不確定的話，可以做血
液檢查看看有沒有抗體。倘若沒有德國麻疹病毒抗體，在備孕
時要接種疫苗，最好是 MMR 疫苗。接種之後的一個月內不要
懷孕，最好等驗血確認有德國麻疹病毒抗體後再懷孕。

另外一種疫苗是流感疫苗，不管是否懷孕，都應該在年度
流感疫苗上市後盡快接種。

破傷風類毒素（tetanus toxoid, TT）在孕期是可以注射
的，如果孕婦過去沒打過類毒素，應在首次注射後 4 週再注射
一劑，如曾經注射過，則只需要在懷孕初期至分娩前 3 週間注
射一次類毒素，就可以預防新生兒破傷風。

　　疫苗只能預防有限的幾種傳染病，孕婦要注意個人衛生，勤洗手，懷孕後少去人多的地方，在呼吸道傳染病高發的季節更要注意，如果周圍有人罹患呼吸道傳染病，就要有意識地避免接觸。

　　孕婦感染巨細胞病毒（cytomegalovirus, CMV）會導致胎兒聽力喪失、視力缺陷或失明、學習障礙或癲癇（epilepsy）。巨細胞病毒感染在孩子間很常見，如果家中或生活環境中有兒童的話，就更要勤洗手，尤其是接觸孩子之後；也不要和孩子共享食物或餐具，在日常生活中盡量避免和兒童接觸。

　　孕婦應該做 B 型肝炎及性病檢查，弓形蟲感染症（toxoplasmosis）會威脅胎兒的健康，極少數人沒有感染過，在懷孕期間最好不要養貓，至少不要接觸貓的糞便。

注意防護

　　懷孕之後孕婦們都有防護意識，比如前幾年很紅的電磁波防護衣，這種東西也不是一無是處，至少可以讓人一眼就看出妳懷孕了，搭捷運被讓座的機率也比較高。私訊裡也經常有人問類似的問題：電腦對孩子有沒有影響？影印機、傳真機有沒有輻射？

　　輻射確實到處都是，不僅是人為的，還有天然的輻射。但不是所有的輻射都會對人體夠造成損害，只有游離輻射（ionizing radiation）才會損傷 DNA（deoxyribonucleic acid，去氧核糖核酸）。

第一章　懷得上

接受高劑量的游離輻射一定會增加罹癌的風險，X 光片、電腦斷層掃描（computed tomography, CT）、核子醫學掃描（radionuclide scan）等檢查都屬於這類游離輻射，孕婦要盡可能避免，而磁振造影（magnetic resonance imaging, MRI）和超音波（ultrasound）則不屬於游離輻射，因此超音波常用於產檢。

天然存在的游離輻射是低劑量的，目前認為低劑量的游離輻射會增加罹患癌症的風險，只不過這種風險是很低的，而且和接受的輻射量有關。居住在美國的人們平均受到的天然游離輻射量為每年 2 ～ 3mSv，有些地區，比如科羅拉多州則高一點，每年達到 10mSv。而高劑量游離輻射一般是指 200mSv 以上的。

拍一張胸部 X 光片的輻射為 0.02 ～ 0.1mSv，相當於 2.4 ～ 10 天的自然輻射量，牙科的 X 光檢查的輻射只有 0.01mSv 左右，其致癌的可能性幾乎可以忽略不計。所以游離輻射雖要盡可能避免，但也不要大驚小怪；非游離輻射比如微波爐、手機等就更不必擔心了。

一些有毒的物質，如砷可能導致流產和出生缺陷；鉛不僅增加流產和早產的風險，還會造成胎兒出生缺陷；甲醛、環氧乙烷會增加流產的風險；苯會導致早產，這些化學物質都要盡量避免接觸。

能夠採取的措施有少喝蘋果汁和葡萄汁，因為裡面含有少量的砷；少接觸玩具之類以免接觸鉛；新買的家具先在通風的地方放一放以減少甲醛接觸；少接觸油漆等物。

注意保護腹部，不要進行任何可能導致腹部受傷的運動，比如可能會有肢體碰撞、會跌倒的那些項目，另外，搭車和開車一定要繫上安全帶。

吃與不吃

網路上有很多吃這個吃那個保胎的文章，實際上，孕婦吃什麼食物、不吃什麼食物與流產的關係並不大。

真正應該吃的是葉酸，因為缺乏葉酸可能會引起出生缺陷，所以從備孕時就要開始吃葉酸。可以選擇葉酸片，也可以選擇含有足夠葉酸量的孕婦維他命，此外還應多吃綠葉蔬菜、豆類等富含葉酸的食物。

也有一些食物不應該吃，食物中的細菌和寄生蟲有可能引起流產，因此生乳（未經過巴氏消毒等方式加工的常乳）製成的奶酪、生魚片和握壽司等都要盡量避免，總之，沒有煮熟、可能含有微生物的食物都要少碰，含汞高的魚類比如鯊魚、劍魚、鯖魚也要避免。

不要亂服藥物，但是如果患有慢性疾病的話，還是應該好好控制。各類藥物都有能夠在孕期安全使用的，要諮詢醫生，在懷孕期間持續服藥並根據懷孕的情況調整劑量。

第一章　懷得上

第二章　安全度過孕期

羊水

水生

　　人類的胎兒在子宮內孕育時是待在羊膜囊（amniotic sac）中，被羊水包裹著。一開始羊水是由母親產生的，到了妊娠第20週時，經過胎兒的吞嚥和排出，就完全被胎兒的尿液所取代了。

　　羊水中含有營養成分、激素、抗體等，在快出生時，有的羊水會變成綠色或褐色，這是因為被胎兒排泄的胎便汙染了，這時胎便有可能進入胎兒的肺部，導致胎便吸入症候群（meconium aspiration syndrome, MAS），需要在出生後進行治療。

　　羊水有以下幾個功能：

- **保護胎兒**。羊水可以避免胎兒受到外力的碰撞打擊，形成緩衝作用。
- **控制溫度**。羊水可以把胎兒隔離起來，保暖和維持正常的溫度。
- **控制感染**。羊水裡面有來自母體的抗體，可以對抗感染。
- **肺和消化系統發育**。胎兒出生後，須具備成熟的呼吸和消化功能，呼吸和吞嚥羊水可以讓胎兒練習相關肌肉。
- **肌肉和骨骼發育**。胎兒在羊水裡可以自由地活動，有利於肌肉和骨骼的發育。

- **潤滑**。羊水可以避免手指和腳趾黏連在一起。
- **臍帶支撐**。母體透過臍帶向胎兒輸送食物和氧氣,羊水可以避免臍帶壓擠在一起。

羊水在妊娠 38 週的時候達到最高量,將近 1 公升,之後有所下降,到臨盆時,羊膜囊撕開,羊水便開始經子宮頸和陰道流出,等 15%的羊水流出來時,就到了胎兒出來的時候了。

羊水過少

既然羊水有正常情況,就有異常情況,一是過少,二是過多。

羊水過少發生率為 0.4%～ 4%,可以透過超音波測量羊水的量,正常羊水指數在 5 ～ 25cm,小於 5cm 就是羊水過少。

導致羊水過少的可能原因有以下幾點。

- 子宮胎盤功能不全:子癇前症(pre-eclampsia)、慢性高血壓、胎盤早期剝離(placental abruption)、血栓(throm-bosis)等異常引起的。
- 藥物:非類固醇類消炎藥(nonsteroidal anti-inflamma-tory drugs, NSAIDs)、血管張力素轉化酶抑制劑(ACE inhibitor, ACEI)等。
- 過期妊娠(超過 42 週以上還沒生產)。
- 胎兒畸形,尤其是那些導致尿液產量下降的情況。

· 胎兒染色體異常。

· 早期破水（premature rupture of membrane, PROM）。

· 雙胞胎或多胞胎。

· 原因不明。

羊水過少的併發症有胎兒死亡、子宮內胎兒生長遲滯（in-trauterine growth restriction, IUGR）、肢體攣縮、肺部成熟延遲、無法自然生產等。

除了胎動少之外，羊水過少通常沒有其他症狀，子宮會顯得小一點。

發現羊水過少後要找出原因，定期用超音波監測胎兒的生長情況，最需要擔心的是懷孕 6 個月內出現的羊水過少，因為這會增加出生缺陷、流產、早產、胎兒死亡的風險。

羊水過多

1%～ 2%的妊娠會出現羊水過多，超音波檢測出的羊水指數大於 25cm，大多數是輕微的，這是妊娠後半期羊水累積造成的。而嚴重的羊水過多會導致孕婦氣短或呼吸困難、下肢或腹部水腫、子宮不適或宮縮、胎位不正等症狀。

羊水過多的原因有：

· 影響胎兒消化系統或神經系統的出生缺陷；

· 妊娠糖尿病；

- 雙胞胎輸血症候群（twin to twin transfusion syndrome, TTTS），一個胎兒輸血過多，另一個則過少；
- 新生兒溶血症（hemolytic disease of newborn, HDN，因母嬰血型不同而產生的疾病）；
- 胎兒貧血。

其他胎兒和母親的異常也有可能導致羊水過多，但大多數羊水過多的原因不明。

羊水過多的併發症有早產、早期破水、胎盤早期剝離、臍帶脫垂（umbilical cord prolapse）、胎兒死亡、產後大出血（postpartum hemorrhage, PPH）等，羊水過多出現得越早，風險也隨之提高。

輕微的羊水過多會自行消失，毋須治療，即便引起不適，也毋須介入。

嚴重的羊水過多首先要針對引起羊水過多的原因進行治療，比如控制妊娠糖尿病。

如果出現氣短、腹痛或者早產跡象，可以透過羊膜穿刺抽出多餘的羊水，但會有一定的風險，包括早產、胎盤早期剝離、早期破水；口服吲哚美辛（Indomethacin）可以減少胎兒的尿量，從而減少羊水量，但不能在妊娠 31 週前服用，而且對胎兒的心臟有一定的風險，在服藥期間要監測胎兒的心臟情況。

治療之後，每 1～3 週檢查一次羊水。

如果是輕微的羊水過多，可以正常生產；如果是嚴重的羊水過多，就需要引產。

羊水漏出

10％的孕婦會有羊水漏出的情況，有時候是因為子宮壓迫膀胱而流出尿液。如果流出的液體無色無味，就有可能是羊水，表示快生了；如果是綠色、褐綠色、有氣味，表示羊水有胎便汙染或者感染。

如果羊水漏出發生在妊娠 37 週之前，可能是早期破水，比例為 2％，需要立即就醫，避免做愛和任何東西進入陰道，以防止感染。

非侵入性產前胎兒檢測

非侵入性胎兒染色體基因檢測（non invasive prenatal testing, NIPT）是產前篩檢的一種，目的是篩檢出生缺陷和遺傳性疾病。產前診斷技術有絨毛膜取樣術（chorionic villus sampling, CVS）和羊膜穿刺，這兩種方法都是抽取細胞樣品，有很小的流產或併發症的風險。NIPT 則是抽血檢測，因此對於母親和胎兒都沒有風險。

NIPT 的原理是母親的血液中有少量的胎兒 DNA，這樣抽取母親的血液後，可以檢測其中的細胞游離 DNA（cell-free

DNA, cfDNA)。這種小於 200 鹼基對 (base pair, bp) 的 DNA 是細胞死亡後脫落到血液中的,在懷孕期間,母親的血液中有來自自身細胞的 cfDNA 和來自胎盤細胞的 cfDNA,因為胎盤細胞的 cfDNA 和胎兒細胞的 cfDNA 基本是相同的,這樣就提供了一個既能早期檢測又不傷害胎兒的產前診斷辦法。

NIPT 屬於篩檢試驗,因為這種辦法無法給出準確的答案,它只能顯示胎兒某些異常的風險高低,並不能保證一定會患病或者一定不患病。有時候檢測結果顯示異常,但胎兒出生後一切正常,這就是偽陽性;有時候沒有發現異常,但胎兒出生後有異常,這就是偽陰性。此外,因為這種辦法需同時檢查胎兒和母親的 cfDNA,因此有可能發現母親的染色體異常。

NIPT 不能在一開始懷孕的時候就做,因為要等胎兒的 cfDNA 在母親的血液中達到足夠的比例 (至少達到 4%),通常要等到懷孕第 10 週,臨床上建議在懷孕 11 ～ 13 週的時候做。

NIPT 主要用來篩檢下面 3 種出生缺陷。

· **唐氏症**:絕大多數情況是第 21 號染色體多了一條,這是最常見的染色體基因缺陷,孩子會出現學習障礙和其他健康問題(包括心臟和消化道異常)。

· **愛德華氏症** (Edwards syndrome):第 18 號染色體多了一條,患兒出生時很小也很脆弱,有許多嚴重的健康問題,只有 10% 的患兒能活過 1 歲。

· **巴陶氏症**（Patau syndrome）：第 13 號染色體多了一條，患兒出生體重過低並有很多健康問題，80％以上只能存活幾週，罕見能活到 10 歲以上。

除了這三種出生缺陷之外，NIPT 還可以檢測 Rh 血型和胎兒性別，有些 NIPT 還可以篩檢其他的出生缺陷。

最常見的 NIPT 是計算所有的 cfDNA，如果染色體數目正確，就代表有這些出生缺陷的風險很低，反之就是風險很高，需要做進一步的檢查。有些 NIPT 可以區分母親的 cfDNA 和胎兒的 cfDNA，因此更精確一點。

整體而言，NIPT 還是很準確的，對於唐氏症的準確率達到 99％，對愛德華氏症的準確率也很高，但並不像絨毛膜取樣術和羊膜穿刺那樣可以達到 100％，因此需要進一步確認。

按照目前的趨勢，NIPT 可能會成為所有孕婦的篩檢手段。

NIPT 對於下列一些族群的準確率就差了一點：多胞胎者、肥胖症孕婦、用其他人捐獻的卵子人工授精的孕婦、子宮外孕者、服用一些血液稀釋藥物者。

如果 NIPT 結果正常，就不必再做其他檢查了；如果檢測結果異常，還需要做絨毛膜取樣或者羊膜穿刺。如果查出 Rh 陰性，就放心了；如果查出 Rh 陽性，就要對胎兒進行密切監測。

染色體異常是無法改變的，如果檢查出來了，就要看父母的選擇了。

絨毛膜取樣術

絨毛膜是胎盤的一部分，來自受精卵，因此絨毛膜和胎兒的基因基本上是相同的。絨毛膜取樣術是產前檢測的一種，可以用來檢測懷孕中的出生缺陷、遺傳病和其他問題。

絨毛膜取樣術和羊膜穿刺相比，優勢在於可以早做，在妊娠的 10 ～ 12 週就可以做了，這樣就能早點得出結果。缺點是無法查出神經管缺陷（neural tube defects, NTDs），因此如果做絨毛膜取樣術的話，在妊娠的 16 ～ 18 週還需要驗血以篩檢神經管缺陷。

一般來說，絨毛膜取樣術和羊膜穿刺一樣，都是 NIPT 或唐氏症篩檢得出陽性結果之後進行的確診試驗。此外如果上一次懷孕出現過染色體異常，比如唐氏症或其他情況，再次出現染色體異常的風險稍高，可以直接做絨毛膜取樣術。如果孕婦年齡超過 34 歲或者有遺傳性疾病的家族史、夫妻中有一人攜帶某種基因突變，也適合直接做絨毛膜取樣術。

如果懷了雙胞胎或者多胞胎的話，要從每一個胎盤上都取一次樣。

絨毛膜取樣術也是有以下風險的。

· **流產**：絨毛膜取樣術的流產率高於羊膜穿刺，約為 1%。

· **Rh 致敏化（sensitization）**：和羊膜穿刺一樣，如果孕婦

是 Rh 陰性血，尚未具備對 Rh 陽性血的抗體，在絨毛膜取樣術後注射 Rh 免疫球蛋白，就可以預防母親的 Rh 陽性抗體透過胎盤損害胎兒的紅血球。這個可以事先驗血以檢測有無抗體。

· **感染**：在非常罕見的情況下，絨毛膜取樣術會導致子宮感染。如果母親患有性病或者存在陰道及子宮頸感染，就要避免絨毛膜取樣術。

· **致畸**：很罕見的情況是孩子的手指或腳趾缺陷，大多是因為過早進行絨毛膜取樣術（妊娠 9 週以前）。妊娠第 10 週是絨毛膜取樣術最早的期限。

絨毛膜取樣術還有一個技術缺陷，1%～ 2%的妊娠會發生限制性胎盤嵌合體（confined placental mosaicism, CPM），這類孕婦如果做絨毛膜取樣術，其中一部分人可能得到異常結果，產生偽陽性，這是母親的細胞混入所造成的。

絨毛膜取樣術也是在超音波的輔助下進行的，取樣的方法有兩種（圖 7），從腹部取樣和從陰道取樣，然後送去實驗室進行檢測。

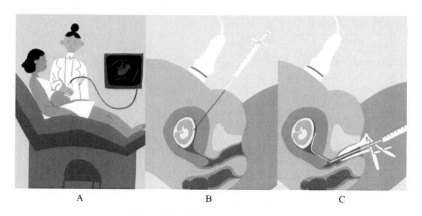

圖 7　絨毛膜取樣術的兩種方式
A. 超音波下檢測；B. 經腹部取樣；C. 經陰道取樣

　　絨毛膜取樣術常見的副作用是痙攣、出血和羊水漏出。因為要從胎盤取樣，如果有早產史、子宮頸閉鎖不全、前置胎盤、胎盤早期剝離等情況，就不建議做絨毛膜取樣術，這種技術的最大優點是提前知道染色體是否存在缺陷，但風險略比羊膜穿刺高。

　　絨毛膜取樣術的準確率也很高，達到 99％。但個別情況由於取樣或者檢測的問題，可能要重複做，或者再做羊膜穿刺。

羊膜穿刺

羊水裡面含有活的胎兒細胞和其他成分，如 α- 胎兒蛋白（alpha-fetoprotein, AFP），可以提供關於胎兒健康的重要訊息。

於是誕生了羊膜穿刺技術，這是產前診斷的一種，在超音波的輔助下，用細針從腹部的子宮內取出少量的羊水，然後送到實驗室進行分析（圖 8）。

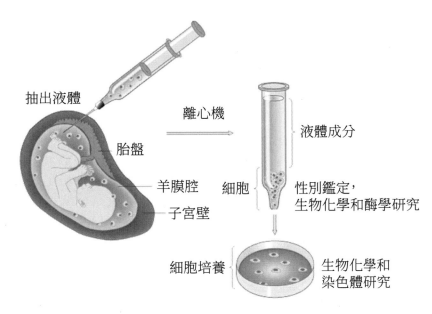

圖 8　羊膜穿刺檢查

　　做羊膜穿刺有幾個目的，主要用於遺傳學診斷，此外可以檢查胎兒的肺部是否發育成熟了，偶爾可以用來檢測胎兒是否被感染或者 Rh 致敏化。還有一種情況是如果羊水過多，可以透過羊膜穿刺的辦法抽出多餘的羊水，這就是治療上的用途了。還可用於親子鑑定（paternity testing），透過羊膜穿刺收集胎兒的 DNA，從而在出生前確定孩子的生父。

　　遺傳學診斷是羊膜穿刺最主要的用途，通常在懷孕 15 ～ 20 週做，這主要是因為如果在懷孕 15 週以前做，出現併發症的風險較高。

　　如果 NIPT 結果為陽性、之前懷孕出現了染色體異常（如唐氏症或神經管缺陷）、孕婦年齡在 35 歲以上、有家族史或者夫妻任何一方攜帶某種基因突變、超音波檢測異常等情況，就要做羊膜穿刺。

　　用於肺成熟檢測的羊膜穿刺是為了確保孩子是否能夠出生，這種情況主要是懷孕 32 ～ 39 週引產（labor induction）或者剖腹產。

　　羊膜穿刺並不能發現所有的出生缺陷，主要用於唐氏症、鐮刀型貧血、囊狀纖維化、肌營養不良症（muscular dystrophy, MD）、家族性黑矇痴呆症（Tay-Sachs disease，戴薩克斯症）或者類似的疾病、脊柱裂（spina bifida）和無腦畸形（anencephaly）等神經根病變（radiculopathy），如果同時做

第二章　安全度過孕期

超音波，可以檢查出羊膜穿刺無法查出的問題，比如顎裂（cleft palate, CP）、唇裂（cleft lip, CL）、先天性心臟病等。

羊膜穿刺是最準確地確定胎兒性別的產前診斷技術。

從準確性來說，羊膜穿刺的準確性達到 99.4%，失敗的原因包括無法獲取足夠的羊水、無法收集和培養細胞等。

羊膜穿刺的風險如下：

· 在很罕見的情況下，羊膜穿刺後羊水從陰道漏出，如有漏出，大多數的情況下漏出的羊水量很小，而且在 1 週內會自動停止，不會影響懷孕；

· 流產的風險在 0.1% ～ 0.3%，主要發生在懷孕 15 週以前做羊膜穿刺的孕婦；

· 在很罕見的情況下，胎兒在羊膜穿刺的過程中活動了，導致針頭刺傷胎兒的手臂或者大腿；

· 在很罕見的情況下，羊膜穿刺導致胎兒細胞進入母親的血液，如果母親是 Rh 陰性血而且沒有對 Rh 陽性血的抗體，就會出現 Rh 免疫球蛋白（Rh immunoglobulin），Rh 免疫球蛋白會透過胎盤損害孩子的紅血球，這個可以透過事先驗血檢測有沒有抗體來了解；

· 在非常罕見的情況下，羊膜穿刺會導致子宮感染；

· 如果母親存在感染性疾病，有可能在做羊膜穿刺的時候感染胎兒，這種情況也可以事先檢測。

羊膜穿刺之後的幾個小時會有輕微經痛樣的症狀或不適，因此 3 天內不要運動或者負重 10kg 以上，也不要有性生活。

羊水裡面有一些幹細胞（stem cell），可以用於一些疾病的治療，這是一種潛在的用途，目前有羊水幹細胞庫。

如果羊膜穿刺的結果是陰性，可以繼續正常懷孕；如果羊膜穿刺的結果是陽性，通常就要明確診斷了，接下來得去諮詢遺傳學專家，看看這種遺傳缺陷是否能夠治療。之前有一個英國的媽媽，在 20 週孕檢的時候發現脊柱裂，在生產前做了手術，孩子出生後一切正常，這是現代醫學的進步。

如果遺傳缺陷是無法治療的，是繼續懷孕還是終止妊娠，就是父母的選擇了。

接種 HPV[1] 疫苗期間懷孕了怎麼辦？

2018 年 10 月 5 日，美國 FDA 宣布，將默克公司（Merck）的九價 HPV 疫苗的適用族群擴大到 27 ～ 45 歲，這樣該疫苗的適用族群變成 9 ～ 45 歲，包括女人和男人。

九價 HPV 疫苗是美國目前唯一使用的 HPV 疫苗，這支疫苗預防子宮頸癌、癌前病變和尖銳溼疣（俗稱菜花）的有效率高達 88%，並且能夠預防 HPV 引起的口咽部癌症。

1　HPV：human papillomavirus，人類乳突病毒。

第二章　安全度過孕期

　　這次適用族群的更改將出現一種情況：因為 HPV 疫苗要接種 2 劑或 3 劑，全程半年，9 ～ 45 歲基本上囊括了所有育齡族群。官方目前建議在接種 HPV 疫苗期間不要懷孕，但總有不小心的，遇到這種情況該怎麼辦？

　　之前看到一個例子是在香港發生的，一位女士接種了 HPV 疫苗後發現懷孕，醫生建議人流。

　　這件事上展現出一些醫務人員缺乏對於 HPV 疫苗的認知。

　　先看看權威機構美國疾病管制與預防中心（Centers for Disease Control and Prevention, CDC）是怎麼說的。

　　「孕婦不建議接種這支疫苗，研究顯示，懷孕期間接種 HPV 疫苗對未出生的胎兒不會造成問題，但需要更多的研究。」

　　這句話的意思是，依目前研究報告來看，懷孕期間接種 HPV 疫苗是安全的，但安全數據還不夠完善，所以要謹慎從事。

　　「在懷孕結束之前孕婦不應該接種 HPV 疫苗，懷孕期間接種 HPV 疫苗不是考慮終止懷孕的原因。」

　　那麼應該怎麼辦？

　　「等懷孕結束後完成剩下的 HPV 疫苗劑次。」

　　不管是剩下 1 劑還是 2 劑，生完孩子再接種。

　　先看看這方面的研究資料，對 2006 ～ 2013 年丹麥所有孕婦的資料分析顯示，不到 2,000 例懷孕期間接種 HPV 疫苗的孕婦和其他 7,000 多例正常的孕婦，在出生缺陷、自然流產、

早產、低出生體重、胎兒小於妊娠年齡（small for gestational age, SGA）、死產等方面都沒有明顯的差異，說明懷孕期間接種 HPV 疫苗是安全的。

　　包括上述研究在內的相關研究還有些不足，需要進一步研究，但根據現有的證據，HPV 疫苗對於孕婦是安全的。

　　生完孩子進入哺乳期，現在提倡母乳餵養，難道要為了完成 HPV 疫苗接種而放棄母乳餵養嗎？

　　用不著，哺乳期女性接種 HPV 疫苗是安全的。目前權威機構的說法是哺乳期可接種 HPV 疫苗，如果妳懷孕之前就接種了，還差 1 劑或者 2 劑沒有完成，沒必要等孩子斷奶後再接種；如果還沒有開始接種，則可以等孩子斷奶後再接種。

　　還有一個疑問，HPV 疫苗要在 6 個月內接種完，是否會因為被懷孕中斷而從頭開始？

　　不用，差幾劑就接種幾劑，不用從頭開始。

　　那麼間隔時間拉得太長，會不會前面接種的就無效了？

　　後面的劑次作用，一是對於那些接種第一劑後免疫效果不好的人，可以進一步刺激出免疫反應（immune response），即補漏；二是為了加強免疫記憶（immunological memory），確保疫苗刺激出的免疫反應能夠持續維持在高水準。所以 1 年以後或者更久再接種後面的 1 ～ 2 劑，並不會產生什麼不良影響或者導致效果不佳，唯一的問題是對於一小部分人而言，在未完成接種期間對 HPV 的免疫反應無法達到應有的水準。

懷孕話題

懷孕期間親人去世與孩子的精神健康

親人去世會對人造成精神上的壓力和創傷，如果懷孕期間遇到這樣的事，對於胎兒會有什麼影響？

最近有一項研究，針對 1973 ～ 2011 年瑞典孕婦在懷孕期間有親人去世的數據進行了收集和分析，與這些胎兒在兒童期和成人之後的健康數據相對照，發現如果母親懷孕期間有親人去世，會增加胎兒日後出現心理問題的風險。

親人去世這種事是無法避免的，可以做的是讓孕婦採取各種辦法減輕壓力，這樣不僅對於自己有好處，對孩子的未來也有好處。

孕期燒心怎麼辦？

燒心（heartburn，醫學上稱為胃灼熱）是懷孕期間的常見症狀，將近半數孕婦有這個問題，常常在進食後不久出現。

孕期燒心是因為懷孕期間黃體酮水準升高，導致食道鬆弛，引起胃酸逆流。懷孕後期子宮增大，也會壓迫到胃部，使得胃酸和胃裡面的食物逆流到食道。懷孕之前就有燒心和消化不良者、有過懷孕經歷者更容易出現孕期燒心症狀。

對付孕期燒心，最好的辦法是預防，避免吃會引起燒心的

食物，這些食物包括某些水果（如橘子、柳丁、鳳梨）、咖啡、碳酸類飲料、高脂肪和油膩食物、辛辣的食物、某些蔬菜（如番茄）、巧克力。其次是少量多餐，飯後保持上身直立的姿勢20～30分鐘，入睡前3小時不要進食。喝脫脂奶或低脂奶可以緩解燒心的症狀。

如果上述措施仍無法緩解孕期燒心，就要考慮藥物。碳酸鈣和H2受體阻斷劑（H2 antagonist）是孕期可以安全服用的藥物，大多數氫離子幫浦抑制劑（proton-pump inhibitor, PPI）也是安全的，只有奧美拉唑（Omeprazole）不能用，因為安全性數據不足。

孕婦的尿為什麼有氨水味？

懷孕期間，孕婦的尿有氨水味有下面幾個原因。

· **嗅覺變化**：這種氨水味可能只有孕婦自己聞得出來，這是因為懷孕導致嗅覺敏感的原因，尿裡面本來就有微量氨，只是平常聞不出來，孕婦嗅覺敏感可能是造成孕吐的原因，從演化的角度來看是為了預防食物中毒、保護胎兒安全的措施。

· **飲食改變**：懷孕之後飲食結構可能會有較大的變化，一些食物（如蘆筍、蒜、蔥等）會使得尿液氨水味增加。

· **補充劑**：懷孕後孕婦常吃補充劑，很多補充劑（尤其是含有維他命B的）會改變尿液的顏色和氣味。

- · **脫水**：脫水後尿液濃縮，氣味增加。
- · **泌尿道感染**：8％的孕婦會出現泌尿道感染，最常見的是大腸桿菌感染，同時還會出現排尿疼痛和燒灼感、頻尿急尿、尿液變黑變渾濁、骨盆底或下腹痛等症狀。

　　想要減少這種現象，首先要做好個人衛生，衣服和床單要勤換洗，排尿後從前往後擦，用溫水清洗生殖部位；其次是注意補水、多排尿、注意性生活安全；避免吃蘆筍等食物，不要亂吃補充劑。倘若有泌尿道感染，就服用青黴素（Penicillin）和頭孢菌素（Cephalosporin），需由醫生開具。

生化妊娠

　　生化妊娠（biochemical pregnancy）不算流產，發生在懷孕檢測陽性之後、超音波檢測看到胎兒之前，沒有什麼徵兆。有些人出血的時候並不知道自己懷孕，甚至當成月經；如果有症狀的話，就像經痛和陰道出血。但陰道出血並不代表一定是生化妊娠，著床的時候也經常會陰道出血。

　　生化妊娠不會出現孕吐，這種出血發生在著床後不久。

　　人工授精常常發生生化妊娠，這是由於受精卵異常所致。

　　生化妊娠的原因並不十分清楚，多數情況下是因為受精卵異常，其他原因包括激素水準異常、子宮異常、性病。高齡懷孕（35歲以上）、甲狀腺異常等情況會增加生化妊娠的風險。

　　生化妊娠無法預防。

　　發生生化妊娠並不等於無法生育，如果出現過一次以上的生化妊娠，需要查查有沒有其他原因，如果查出來是感染之類的情況，可以進行藥物治療，排除原因後還是能夠生出健康的寶寶。

孕期發燒

　　導致孕婦發燒的常見原因有流感、肺炎、扁桃腺發炎（tonsillitis）、病毒性腸胃炎和腎炎，還有可能是食物中毒，除發燒之外，還會出現氣短、背痛、寒顫、腹痛、脖子僵硬等症狀。

　　2017 年的一項動物實驗發現，懷孕初期發燒會增加胎兒心臟和下顎畸形的風險，但需要進一步確認畸形是否為發燒本身引起的。以目前的情況來看，在第一孕程發燒需要積極治療。

　　懷孕期間發燒可能會自癒，但永遠不能當正常情況處理，需要就醫。

　　對付發燒，要以預防為主，接種流感疫苗、勤洗手、注意食品安全等。

孕期肺炎

　　肺炎是一個嚇人的名詞，醫患雙方都很重視，導致數不清的濫用診斷和濫用治療。肺炎是嚴重的肺部感染，諸如普通感冒和流感，肺炎是常見的併發症，這是出於感染擴散到肺部的緣故。

　　懷孕期間得的肺炎就是孕期肺炎。

第二章　安全度過孕期

肺炎是一種嚴重的、可能致死的疾病，有些族群是肺炎的高危族群，其中包括孕婦。懷孕時母親體內大量的熱量消耗在腹中胎兒上面，同時為了不產生免疫排斥，孕婦的免疫系統處於受抑制的狀態，這兩點提高了孕婦罹患肺炎的風險。

由於子宮增大，孕婦的肺活量減少，使得肺功能承受更大的壓力。孕婦又是流感的易感族群，這兩點也增加了罹患肺炎的風險。

孕婦如果同時患有貧血、氣喘以及慢性病，工作中接觸幼兒或在醫院待的時間長、免疫功能低下、抽菸等，都會增加罹患肺炎的風險。

肺炎通常是細菌性的，導致肺炎的細菌有流感嗜血桿菌（*Haemophilus influenzae*）、肺炎鏈球菌（*Streptococcus pneumoniae*），還有肺炎黴漿菌（*Mycoplasma pneumoniae*）；引起病毒性肺炎的常見因素有流感、水痘或帶狀疱疹病毒。

所以預防是很重要的，疫苗可以預防其中大部分疾病。孕婦不僅能夠接種流感疫苗，而且還「應該」接種流感疫苗，如果孕期跨了流感流行的年度，應該先後接種兩個年度的流感疫苗。

水痘疫苗、B 型流感嗜血桿菌疫苗、肺炎鏈球菌疫苗應該在備孕時接種。

除了接種疫苗之外，要勤洗手、確保睡眠充足、吃原型食物、養成運動習慣、避免和生病的人接觸，這些辦法都可以形

成一定的預防作用。

　　孕婦和家人要熟悉肺炎的症狀，這樣可以盡快發現並接受治療。肺炎常見的症狀包括喉嚨痛、頭痛和身體痛、呼吸困難或呼吸急促、發燒或寒顫、胸痛、嚴重咳嗽、喪失食慾、嘔吐等。

　　肺炎可能導致孕婦和胎兒出現嚴重的併發症，母體供氧不足，因此輸送給胎兒的氧氣也不足，情況嚴重時會導致早產和新生兒出生體重低。

　　咳嗽是肺炎的症狀之一，但咳嗽是不會影響胎兒的。

　　如果出現下列症狀，要去掛急診：腹痛、胸痛、呼吸困難、高燒、嘔吐持續 12 小時、暈厥、意識不清，第二和第三孕程時胎兒少動。

　　細菌性肺炎用抗生素治療，病毒性肺炎初期可以用抗病毒藥物治療，乙醯胺酚（Acetaminophen, APAP）等可以用來緩解疼痛和退燒，注意休息，多喝水。

　　透過接種疫苗、早期診斷和及時處理，孕期肺炎的風險已經大大地下降了，多數患者經過治療後很快康復，沒有併發症，平安生下健康的嬰兒。

孕期溼疹

　　受荷爾蒙變化的影響，懷孕期間孕婦皮膚會發生很多變化，比如色素改變，出現黑斑、痘痘、疹子，皮膚變得敏感了，皮膚變乾或者總是出油，還有一種可能就是溼疹。

　　溼疹是一大類皮膚病，相同的症狀有紅腫、搔癢、發炎。一說到溼疹，人們就會想到小寶寶，其實各個年齡層的人都會長溼疹。

　　孕期溼疹是懷孕期間最常見的皮膚問題，又稱妊娠期異位性皮疹（atopic eruption of pregnancy, AEP）、妊娠多形疹（polymorphic eruption of pregnancy, PEP）、妊娠期搔癢性毛囊炎（pruritic folliculitis of pregnancy）、妊娠搔癢性蕁麻疹樣丘疹及斑塊（pruritic urticarial papules and plaques of pregnancy, PUPPP）。懷孕本來就有諸多不適，一長溼疹就更不舒服了，好在孕期溼疹對胎兒沒有危害，也不會傳染。

　　懷孕之前得過溼疹的，懷孕期間又長溼疹叫復發；懷孕之前沒有得過溼疹的，懷孕後出現溼疹就屬於孕期溼疹了。孕期溼疹復發占 20%～40%，而多數孕婦是第一次得溼疹。

　　溼疹對孕婦的影響因人而異，溼疹復發者中 25% 在懷孕期間症狀好轉，甚至徹底消失，但有 50% 症狀惡化。

　　孕期溼疹的症狀和其他時間發生的溼疹的症狀沒有區別，

皮膚搔癢、出現深色斑塊、變乾、敏感、紅腫和發炎等，有些人的症狀很嚴重。

什麼原因導致溼疹？

回答很簡單：目前還不清楚。

怎麼治療？

在大多數情況下，保溼就可以了，如果所處的地區或者家庭環境很乾燥，要用加溼器。

如果症狀嚴重，可以外用糖皮質素藥膏。

有研究顯示紫外線光療有效，尤其是在糖皮質素無效的情況下，中波紫外線（ultraviolet radiation B, UVB）對孕婦是安全的。

嚴重的溼疹也可以口服糖皮質素，因為溼疹可能和免疫系統有關，可以服用環孢素（Cyclosporine）抑制免疫系統。

如果溼疹患者懷孕了，要檢查一下使用的藥物。不要用胺基甲基葉酸（Methotrexate）、補骨脂素（psoralen）＋紫外線、外用 A 酸 Alitretinoin 來治療溼疹。即便沒有懷孕，如果正處於備孕階段，也不要用胺基甲基葉酸和 Alitretinoin，以免傷害胎兒。具體來說，男女雙方在懷孕之前 3 個月內不要用胺基甲基葉酸，女方在懷孕前 1 個月不要用 Alitretinoin。

非藥物治療的辦法：一是常規性保溼；二是洗澡的時候要用溫水，因為熱水會導致皮膚乾燥，洗完澡後需馬上進行保溼

處理；三是不要穿過緊的衣服，盡量穿寬鬆的衣服，尤其是懷孕後體型變化，所以在衣服上要加以注意，穿純棉材質的衣服；四是用溫和的洗浴產品和化妝用品；五是注意補水，每天攝取充足的水分，這樣既能保持皮膚溼潤，又能緩解溼疹的症狀。

生完孩子後，大多數孕期溼疹會消失，少部分繼續存在，如果日後再懷孕的話，罹患孕期溼疹的風險就會增加。如果母乳餵養的話，乳房和乳頭處可能出現溼疹，在這種情況下可以使用保溼用品或者糖皮質素藥膏，但是在餵奶之前要清洗乾淨。

懷孕會對人造成很大的壓力並且容易疲勞，這也是出現溼疹的原因之一，因此要注意休息和減壓，如果溼疹嚴重的話，應該及時治療，以避免溼疹的癢痛對孕婦造成負面影響。

懷孕與癌症

之前看到一則新聞，34 歲的孕婦在懷孕 29 週時發現肝轉移惡性腫瘤，大家都勸她放棄孩子，她還是堅持把孩子生了下來。她原本肝臟上只有幾個腫瘤，如今已布滿腫瘤，每天痛得只能睡兩三個小時，終於堅持到把孩子生下來。

懷孕期間查出癌症是罕見的情況，正因為罕見，這方面的研究很少。近年來，孕婦罹癌的比例處於上升趨勢，這是因為女性普遍性地延遲懷孕，而年齡是癌症的一大風險因素，所以懷孕期間查出癌症的病例就多了起來，但總體上依然不常見。

　　繼續妊娠與治療癌症是一個兩難抉擇，尤其是考慮到癌症的進展、診斷和治療會不會對胎兒產生不利的影響。懷孕本身是不會導致癌症的，孕婦的罹癌風險並不比其他族群高，癌症也幾乎不會直接影響到胎兒。但是要考慮幾個因素，包括懷孕週期、癌症的種類和位置、癌症的分期、癌症發展的速度、孕婦是否有其他健康問題等。

　　大多數癌症不會從母親傳給胎兒，有些癌細胞可以通過胎盤，但依然很難傳給胎兒，近年來癌症治療方面研究進展迅速，因此罹癌的孕婦完全有機會生下健康的嬰兒。

　　孕婦得的癌症大多是年輕人容易罹患的癌症，包括子宮頸癌、乳癌、甲狀腺癌、何杰金氏淋巴瘤（Hodgkin's lymphoma, HL）、黑色素瘤（melanoma）、妊娠滋養細胞疾病（gestational trophoblastic disease, GTD），此外還有非何杰金氏淋巴瘤（non-Hodgkin's lymphoma, NHL）、卵巢癌、白血病、大腸癌等，其中最常見的是乳癌，發生率為 1/3,000，這是因為懷孕導致乳房增大和質地改變，導致乳癌不易被檢查出來，孕婦的乳癌往往較晚被發現。

　　懷孕的症狀容易和癌症的症狀混淆，比如乳房變化、噁心、嘔吐、腹脹、直腸出血、疲倦、頭痛等，會影響癌症的早期診斷，但有時候也能及早發現癌症，比如孕檢常規做子宮頸抹片，有可能早期發現子宮頸癌，超音波檢查有可能早期發現卵巢癌。

第二章　安全度過孕期

懷疑罹癌後，在進行診斷所需做的檢查中，X 光片檢查是可以做的，因為輻射劑量很低，不會影響胎兒，保險起見可以在腹部蓋上鉛衣；頭部和胸部 CT 也是安全的，但同樣可以在腹部蓋上鉛衣；腹部和盆腔 CT 則須在十分必要的情況下才做；MRI 和超音波檢查是安全的。

查出癌症之後，是否治療和如何治療是一個很複雜的問題。很多人認為癌症治療會傷害胎兒，因此過去醫生往往建議終止妊娠。現在有很多癌症治療方法對胎兒是安全的，是否治療、如何治療取決於癌症的位置、癌症的種類、癌症的分期、孕齡等因素，還有一個很重要甚至產生決定性的因素，那就是孕婦的意願，因此在考量這個問題的時候，一定要確定是否出於孕婦的意願。

原則上講，如果在第三孕程診斷出癌症，首選先生下孩子，再開始治療，通常會早一點做剖腹產；如果在第一孕程發現晚期癌症，首選終止妊娠，馬上進行治療；其他情況會先延遲化療到第二孕程。上述的例子，若癌症是在第二孕程發現的，確實不應該終止妊娠，但如何治療則有待商榷，肝轉移惡性腫瘤並非不能治療。

是否終止妊娠還取決於得什麼癌，比如罹患早期子宮頸癌，可以等孩子生下來再治療；但對於一些晚期或者惡化很快的癌症，終止妊娠對於孕婦來說也許是最安全的選擇。

放療（radiation therapy）原則上不能讓孕婦做；手術對胎兒來說通常是安全的，特別是第一孕程；化療（chemotherapy）藥物在第一孕程會對胎兒造成傷害，在第二、第三孕程，有些不會通過胎盤的化療藥物是安全的，懷孕後期化療可能會對孩子造成間接傷害，這是由母親化療的副作用引起的。

生完孩子以後如果還要繼續做化療，一般來說不建議母乳餵養。

孕婦打噴嚏

懷孕期間比平時更容易打噴嚏，導致很多孕婦及其家人感到焦慮：老是這麼打噴嚏會不會對胎兒有害？會不會影響孕婦或者代表某些併發症？會不會導致流產？

懷孕期間打噴嚏比往常頻繁的原因之一是妊娠性鼻炎（pregnancy rhinitis）。妊娠性鼻炎指的是懷孕期間鼻塞超過 6 週的疾病，保守估計至少 18% 的孕婦存在這個問題，最高的估計則高達 42%。通常在第一孕程出現，然後在第三孕程捲土重來，有可能出現在懷孕任何階段，在生產前 2 週消失，症狀為打噴嚏、鼻塞、流鼻涕。

妊娠性鼻炎是因為懷孕導致身體產生變化，比如黏膜的血流增加，如此一來，鼻黏膜就會因而腫大，導致堵塞和流鼻涕。

第二章　安全度過孕期

　　另外一些鼻炎是過敏性鼻炎，多達 1/3 的孕婦有過敏性鼻炎，可能是花粉引起的季節性過敏，也可能由室內的動物皮屑或塵蟎所引起。懷孕之前有過敏性鼻炎的人，懷孕之後仍然會存在。長期追蹤研究發現，懷孕期間過敏發作並不會導致胎兒出生體重低或者早產。

　　造成孕婦打噴嚏的第三種情況是生病，尤其是普通感冒和流感。在正常情況下，發生普通感冒、流感或其他傳染性疾病的時候，免疫系統會很快做出反應，但懷孕期間免疫功能低下，這是身體為了防止免疫系統錯誤地將胎兒當作入侵的敵人而進行攻擊所採取的預防性措施，但這樣一來，有外敵入侵的時候，免疫系統的反應也會遲緩一點，傳染性疾病的病程會長一點，症狀也會嚴重一點。

　　普通感冒是不會對孕婦和胎兒產生危害的，但流感就不同了，孕婦一定要按時接種流感疫苗，如果懷孕期間罹患流感，應該盡速就醫。

　　打這麼多噴嚏，孩子會受影響嗎？

　　人體有很好的保護功能，打噴嚏是不會影響胎兒的，在懷孕的任何時候打噴嚏都不會危及胎兒，更不會因為打噴嚏導致流產。

　　但是正如上面提到的，如果是流感的話，就有流產、出生體重過低和早產的風險，這是流感導致的，不是打噴嚏造成的。

有時候，打噴嚏時腹部會出現刺痛，很痛，也很嚇人，但這種情況是沒有危險的，因為子宮在長大，導致連接腹部的韌帶被拉伸，噴嚏和咳嗽會對韌帶施加壓力，導致疼痛。

懷孕期間用藥要小心，尤其是感冒藥。對付打噴嚏，可以採用以下非藥物的辦法。

· **洗鼻**：用鹽水或蒸餾水清洗鼻腔。

· **加溼器**：晚上用加溼器以預防鼻腔受乾燥空氣的刺激。

· **空氣清淨機**：如果過敏，可以在家裡或者辦公室使用空氣清淨機。

· **生理食鹽水噴鼻劑**：用於清理鼻竇。

· **避免刺激**：有過敏的人，要避免過敏原的刺激，外出回家後要換衣服並盡快洗澡。

· **接種流感疫苗**：及時接種流感疫苗，可以大大降低罹患流感的風險。

· **注意姿勢**：如果打噴嚏會導致腹痛，要改成側臥，或者使用托腹帶以支撐腹部。

· **控制氣喘**：氣喘患者懷孕後要注意控制氣喘。

· **運動**：懷孕時定期進行安全的運動項目，可以提高免疫力。

第二章 安全度過孕期

孕吐

孕吐也叫晨吐（morning sickness），準確的名稱是孕期噁心嘔吐（nausea and vomiting of pregnancy, NVP），是一種在懷孕初期非常常見的現象。在懷孕後頭 3 個月，一半孕婦有過嘔吐的現象，80%的孕婦有噁心的症狀，通常從懷孕的第 4～6 週開始。雖然多數情況下噁心嘔吐發生在早上，但也可能出現在任何時間。在懷孕第 12 週後開始緩解，到懷孕第 16 週基本消失，但有 10%的孕婦到了懷孕 20 週仍然有這些症狀。

孕吐雖然讓孕婦感到很不舒服，但對於胎兒不會有危險。只有極少數（約 1%）的孕婦會劇吐（hyperemesis gravidarum, HG），導致體重下降，需要特殊治療。

孕吐可以說是使眾多孕婦煩惱的一個極其不適的症狀，很多動物懷孕後也有類似的症狀，但由於這方面的研究還不足夠，尚無法證明動物也有孕吐。不管是否為人類所特有，有一個問題值得科學家給出答案：為什麼懷孕這種極其重要的繁衍功能會有這樣一個極其不舒服的症狀？或者說，孕吐在演化上占有什麼地位？

孕吐的原因

為什麼孕吐？

答案是：不知道！

這麼大的事怎麼會不知道？

沒辦法，具體原因真的不清楚，就是不知道，但是多數專家認為荷爾蒙肯定在其中發揮作用，其中一個證據是吃口服避孕藥或者接受荷爾蒙療法的人也有可能出現孕吐的症狀。

具體來說有以下幾種可能：

· **雌激素水準**：懷孕的時候雌激素水準比未孕時要高 100 倍，專家認為雌激素在孕吐的出現上發揮部分作用，但是在孕婦之間，雌激素水準的高低與孕吐的症狀無關，也就是說，雌激素水準升高會引起孕吐，但升高多少則和孕吐的症狀或頻率等無關。

· **黃體酮水準**：這是懷孕期間水準升高的另外一種激素，它的作用是讓子宮放鬆，以免早產。但很可能同時造成胃腸肌肉鬆弛，導致胃酸過多和胃食道逆流，從而引起噁心嘔吐。

· **低血糖**：因為孕婦要為胎兒提供熱量，這有可能導致低血糖，進而引起噁心嘔吐，但這個理論目前還沒有實驗證明。

· **人絨毛膜促性腺激素水準**：這種激素預防卵巢黃體退化，從而得以繼續產生黃體酮，有些專家認為人絨毛膜促性腺激素和孕吐有關。

· **嗅覺**：懷孕之後嗅覺敏感，可能會導致噁心。

· **演化適應生存**：這是一些專家的看法，也是從理論上最能解釋得通的。支持這個理論的專家認為，孕吐是為了預防

食物中毒，孕吐可以將母親攝取到的毒素吐出去。比如肉、蛋之類食品被汙染的風險高，米、麥之類被汙染的風險低，於是孕婦有選擇性地吐了，胎兒的存活率就升高了。有一項研究發現孕吐可以減少懷孕初期流產，尤其是30歲以上的孕婦，但其他試驗未能證實這個結果。還有的研究發現，食物中某些成分的濃度和讓孕婦感到噁心的味覺與嗅覺有關。正因為有這個理論，一些專家認為，除非在食物安全係數高的地區，否則讓孕婦吃止吐藥物是不明智的。但是，演化適應生存的假說並沒有獲得足夠的證據。

除了這些之外，還有其他假說，比如是幽門螺桿菌感染所致，同樣沒有獲得證實。

沒有發生孕吐也沒有什麼值得擔心的，一些沒有過孕吐的產婦，她們和孩子都很健康。

危險因素

雖然大多數孕婦都會出現孕吐，但還是有幾個風險因素的：

· 懷孕以前有動暈症（motion sickness）、偏頭痛、某些嗅覺或味覺問題、吃過避孕藥或者接觸過雌激素；

· 上次懷孕發生孕吐；

· 懷了多胞胎；

· 劇吐的風險因素：

· 懷了女孩；

- 有劇吐家族史；
- 上次懷孕發生劇吐。

孕吐有時從受孕後 2 週就開始了，出現下列情況要去就醫：嚴重的噁心嘔吐、尿量很少、尿呈黑色、無法喝液體、站立的時候感到眩暈、昏厥、心跳加快、吐血。

劇吐的定義是噁心嘔吐過多，有些孕婦每天多達 50 次，這會導致脫水、酮症（ketosis）、體重下降、姿勢性低血壓（orthostatic hypotension），劇吐的部分症狀可能在懷孕第 20 週的時候緩解，但直到孩子出生後所有症狀才會消失。劇吐有家族史，上次懷孕劇吐的話，本次懷孕劇吐的風險就很高。若劇吐無法控制，則需要住院治療。劇吐對胎兒的危害很小，但如果孕婦體重下降，有可能導致出生體重過低。

妊娠劇吐與基因突變

孕吐很常見，劇吐則少見，占孕婦的 0.3%～ 2.3%。

根據 23andMe[2] 的數據，發現兩個基因突變（GDF15、IGFBP7）與劇吐有關。

進一步的研究希望能夠證明這兩個基因突變確實是劇吐的原因，如果能夠確定的話，就可以透過改變 GDF15 和 IGFBP7 的蛋白質水準，解決嚴重孕吐的問題。

2　23andMe：美國一家 DNA 鑑定公司。

第二章　安全度過孕期

緩解

　　孕吐是沒有辦法預防的，一些早期的研究認為，在懷孕之前到懷孕初期服用多種維他命可以減輕孕吐，但證據不足。對於孕吐，可以採取下面的辦法緩解症狀。

- **注意休息**。勞累會使得噁心症狀加劇，要保持良好的睡眠品質，睡覺的時候戴眼罩，購買孕婦用的枕頭墊在身下。
- **慢慢起來**。醒來的時候慢慢起來，不要著急。
- **避免某些食物**。避免脂肪含量高的、油膩的、辣的、含有咖啡因（比如咖啡、茶和巧克力）的食物。
- **少量多餐**。確保胃裡一直有食物，每天多吃幾餐，每餐吃少量食物。早上起床前先吃幾口鹹的點心，早餐吃果汁和香蕉、馬鈴薯等食物，冷的食物要比熱的食物少引起噁心。晚餐吃高蛋白質食物或者餅乾。
- **避免螢幕閃爍**。電腦螢幕如果閃爍的話，會誘發噁心。如果能夠避免使用電腦最好，或者避免在早上使用。使用電腦的時候把背景換成棕褐色或者粉色，或者使用遮光罩。
- **攝取足夠的水分**。這是預防脫水的措施，因為脫水會對懷孕產生很不好的影響。由於噁心嘔吐，孕婦往往無法攝取足夠的水分，而脫水會導致噁心的症狀惡化，形成惡性循環。如果實在喝不下白開水，可以往水裡加點果汁或者蜂蜜，或者喝無咖啡因可樂，最好是喝冷的。

- **避免誘因**。記錄下引起噁心嘔吐的食物和味道，然後盡量避免。
- **呼吸新鮮空氣**。如果室外空氣好的話，把窗戶打開，到室外散步。
- **保持運動習慣**。孕吐不是躺著或者坐著不動的理由，一些孕婦發現運動可以減輕孕吐的症狀。
- **薑**。一些研究發現，薑可以減輕胃部的不適，孕婦可以喝薑汁飲料、吃薑餅或者薑餅乾以緩解噁心。
- **轉移注意力**。在孕吐常常發作的時間，幫自己找點事做，不要總想著孕吐的事情，可以看電視、讀書或者散步。
- **穿寬鬆和舒服的衣服**。研究發現，孕婦換上寬鬆而舒適的衣服後，症狀隨之減輕，有些人甚至消失了。
- **聞清新的氣味**。孕吐和嗅覺有很大關係，聞檸檬精油或者迷迭香對緩解孕吐很有效，可以讓孕婦不受那些誘發孕吐的味道的干擾。

治療

藥物方面可以服用維他命 B_6、抗組織胺藥（antihistamine）、薑補充劑。

如果孕吐嚴重，可以吃止吐的藥物；劇吐控制不住者需要住院輸液以補充營養，並靜脈注射止吐藥。

第二章　安全度過孕期

　　大多數孕吐毋須治療。在孕吐治療上，有著名的反應停事件。1957 年西德格蘭泰（Grünenthal GmbH）藥廠推出新藥沙利竇邁（Thalidomide），宣稱可治失眠、咳嗽、感冒和頭痛，很快又發現可以治療孕婦晨起嘔吐和噁心，得名「反應停」。該藥很快風靡歐洲以及加拿大、日本、澳洲等國，並打算在美國上市。

　　當時 FDA 負責審查藥物的只有 7 名全職醫生和 4 名兼職醫生，反應停的申請由剛到 FDA 就職僅一個月的法蘭西斯・凱思琳・奧爾德姆・基爾斯（Frances Kathleen Oldham Kelsey）負責。基爾斯認為反應停在孕婦使用的安全性上證據不足，承受住來自藥廠、遊說集團、婦女組織等多方面的壓力，堅持要求藥廠遞交更多的數據。

　　1961 年 12 月，大量臨床應用確定反應停會導致「海豹肢症」（phocomelia，短肢畸形），這是一種四肢發育不全的出生缺陷，因為短如海豹的鰭足而得名。一場大風暴來臨，各國紛紛將反應停強行下架。有 1 萬～ 2 萬名「海豹肢症」嬰兒誕生。由於凱爾西的堅持和勇氣，避免了成千上萬的美國嬰兒出生缺陷。一夜之間，她從默默無聞搖身一變成了美國英雄，FDA 也因此奠定了自己的金字招牌。

　　反應停事件給孕期用藥留下了深刻的教訓。在孕期用藥上一定要注意安全、安全再安全，那些安全性不明確的藥物不能給孕婦使用，而不是先使用，等出現安全性問題後再停用，因

為孕期用藥關係著胎兒的健康甚至生命，再有效的藥物，不論是中藥還是西藥，如果不安全就不能使用。

懷孕期間的常見感染

前面提過，懷孕期間為了不排斥胎兒，孕婦的免疫功能處於較為低下的狀態，使得孕婦對致病微生物感染更加敏感，現有的感染則更為嚴重，一些輕微的感染都可能導致嚴重的疾病。有些感染會對母親造成威脅，有些則會透過胎盤影響胎兒或者在生產的時候傳染給孩子，有些甚至對母親有生命危險。治療感染的藥物也有可能出現嚴重的副作用，要考慮對胎兒是否安全。

懷孕期間因為免疫系統變化、肝醣（glycogen）增加、雌激素水準升高，導致陰道酵母菌感染（yeast infection）更為嚴重。20％的女性有念珠菌感染（candidiasis），孕婦則增加到30％，尤其是第二、第三孕程，常見症狀包括陰道和外陰搔癢，白色、奶酪樣濃白帶，陰道疼痛或燒灼感，做愛疼痛或者燒灼感。可以用克黴樂（Clotrimazole）來治療。在治療之前先做出明確診斷，因為其他問題也有相似的症狀。

容易混淆的疾病之一是細菌性陰道炎（bacterial vaginosis, BV），這是一種很容易治療的細菌性感染，症狀為陰道和外陰搔癢，陰道出現魚腥味，做愛後氣味更重，白帶量多、稀、

灰色。如果不治療的話會導致早產、新生兒出生體重低。細菌性陰道炎不是因為外來細菌感染,而是因為陰道的正常菌群失去平衡,主要是在乳酸桿菌(*Lactobacillus*)和厭氧菌(anaerobic bacteria)之間,後者過度繁殖造成的,治療上用甲硝唑(Metronidazole, MNZ)、替硝唑(Tinidazole, TDZ)和克林黴素(Clindamycin, INN)。

　　B 型鏈球菌(group B streptococcus, GBS,無乳鏈球菌)是經常存在於陰道和直腸的一組細菌,通常不會有症狀,但是在生產過程中可能會傳給嬰兒,比例在 1%～ 2%,雖然不常見,但嬰兒感染的話有可能致命。因此在懷孕期間要檢測孕婦是否攜帶 GBS,如果有的話,就要靜脈注射預防性抗生素,以降低生產過程中將 GBS 傳染給嬰兒的風險。

　　子宮發生感染會影響胎盤,對胎兒造成傷害,導致早產甚至出生缺陷,也會導致生產過程發生危險,有些產婦會出現器官衰竭的症狀甚至危及生命。子宮感染通常是因為陰道細菌進入子宮,往往是陰道感染未經治療的後果,需要住院進行抗生素治療,如果生產時症狀嚴重,就要選擇剖腹產。

　　懷孕期間會出現很多皮膚問題,比如溼疹或者皮膚乾燥,還有可能出現蜂窩性組織炎(cellulitis)這種皮膚感染。

　　其他懷孕期間嚴重的感染有:

· 流感，如果併發症嚴重，可能會對母親和胎兒造成生命危險，因此在備孕和懷孕期間要接種流感疫苗。

· E 型肝炎，這種一種症狀溫和的肝炎，透過糞口途徑傳播，因此要保持良好的衛生習慣。

· 各種疱疹病毒感染，比如單純疱疹 (herpes simplex virus, HSV) 和帶狀疱疹 (herpes zoster)。單純疱疹發作不治療的話會導致新生兒疱疹感染，帶狀疱疹則會透過胎盤導致出生缺陷。帶狀疱疹可以透過接種疫苗來避免，單純疱疹發作時可以用阿昔洛韋 (Aciclovir, ACV) 和伐昔洛韋 (Valaciclovir, VCR) 在懷孕後期進行治療。

· 李斯特菌症 (Listeriosis)，需要注意食品衛生。

· 麻疹，如果不具備免疫力的話可以接種疫苗。

· HIV 感染。

懷孕期間會影響胎兒的感染性疾病有以下幾種：

· 細菌性陰道炎：早產。

· 傳染性疾病（如肝炎、梅毒、HIV 感染）：感染胎兒。

· 披衣菌感染 (Chlamydia infection)：眼睛和肺部感染。

· 淋病：早產、眼睛感染、失明。

· 傳染性紅斑 (erythema infectiosum)，又稱為第五種病 (fifth disease)：流產、胎兒貧血。

· B 型鏈球菌感染：新生兒併發症。

- 弓形蟲感染症：出生異常、智力缺陷。
- 李斯特菌症：流產、死產、出生缺陷。
- 巨細胞病毒感染：出生缺陷、智力缺陷。
- 茲卡病毒感染（Zika virus infection）：流產、出生缺陷。

　　儘管大多數妊娠期間感染都不會產生嚴重的影響，但還是要積極預防感染，孕婦不要去疫區旅遊、避免蚊蟲叮咬、做愛使用保險套、勤洗手、接種相關疫苗、不要吃未消毒的食物、不要接觸寵物糞便、檢查性病和 B 型鏈球菌感染。

懷孕期間氣短

　　氣短是懷孕期間非常常見的現象，60% ～ 70% 的孕婦都出現過氣短的情況。對於這種非常普通的懷孕症狀，很多醫生的解釋是因為子宮越來越大，向上壓迫肺部，導致呼吸越來越困難。

　　這個解釋並沒有錯，但這只是原因之一。此外還有其他原因，特別是有些孕婦剛一懷孕就出現氣短，顯然不能用子宮增大來解釋。

　　第一孕程導致孕婦氣短並不是因為胎兒太大。在第一孕程，橫膈膜（diaphragm）最多上升 4cm，有些孕婦在深呼吸的時候能感覺到這種變化；更主要的原因是黃體酮水準增高，黃體酮是一種呼吸刺激劑（respiratory stimulant），導致人呼

吸頻率加快。不是所有的人呼吸加快後都會發生氣短，但有的人會，黃體酮在整個懷孕期間一直處於高水準，就成為了孕婦氣短的主要原因之一。

第二孕程感到氣短的孕婦就多了，這階段主要是因為上面說的子宮增大的因素造成的，但也可能是因為心臟功能變化，懷孕期間身體的循環血量增大，孕婦的心臟不得不努力工作，導致孕婦感到氣短。

第三孕程雖然胎兒很大了，但並不是所有的孕婦都會感到氣短，有些人感到呼吸越來越困難，有些人反而比之前輕鬆了，這取決於胎兒頭部的位置。如果胎兒頭部位於肋骨下並擠壓橫膈膜，就會導致氣短，這種原因形成的氣短通常發生在懷孕的第 31 ～ 34 週。

除了上面這些原因之外，還有一些其他的因素，比如氣喘，懷孕會導致氣喘症狀惡化，發生這種情況應該就醫並接受治療。

產婦周產期心肌病變 (peripartum cardiomyopathy, PPCM) 是導致氣短的另外一個原因，發生在懷孕期間或者生產之後。

肺動脈栓塞 (pulmonary embolism, PE) 則是更為嚴重的問題了，需要立即就醫。

懷孕期間出現氣短，要排除剛才講的這幾種原因，如果出現以下症狀，要馬上去掛急診：

第二章　安全度過孕期

- ·　嚴重的氣短
- ·　無法說出完整的話
- ·　氣短伴有胸痛
- ·　氣短伴有臉部或腹部水腫
- ·　突然出現氣短

　　如果沒有這些症狀的話，再看看是否有發燒、痰多、夜咳等症狀，以排除支氣管炎或肺炎的可能。

　　排除這些之後，氣短就是因為懷孕而出現的正常情況，雖然很不舒服，但對於自己和孩子是無害的，可以使用托腹帶減少子宮對橫膈膜的壓力。

　　睡覺的時候用枕頭支撐背部，利用重力使子宮下降，給肺部更多的空間，躺的時候稍稍靠左側。

　　做一些呼吸練習和有氧運動也會有所幫助。

　　要注意休息和放鬆，倘若呼吸很困難就休息一會兒，不要像懷孕之前那樣拼體力。

孕婦抽筋

為什麼會抽筋？

孕婦抽筋非常常見，表現為不由自主並且很痛的肌肉收縮，通常發生在小腿或腳部，或者小腿和腳同時出現，往往發生在晚上，在幾分鐘內消失，第二和第三孕程多見。

為什麼孕婦這麼容易抽筋？

目前並沒有明確答案。

有一些說法，比如因為體重增加導致血液循環變化，以及對腿部肌肉的壓力、胎兒對腿部神經和血管的壓迫、腿部浮腫等造成的，也有一些醫生認為是缺鈣或者身體對鈣的處理發生變化所致。

懷孕期間抽筋的最大害處是影響睡眠，懷孕本來就影響睡眠，半夜因為抽筋痛醒，就更沒辦法好好睡了。

腿抽筋了怎麼辦？

當抽筋發生之後，要盡快緩解以減輕疼痛，接著要採取一些預防措施避免再次抽筋。

第一個措施是馬上把腿伸直。

伸直後，慢慢地將腳趾扳向腳背。記住，先伸直腿再扳腳趾，如果腿沒伸直就扳腳趾的話，可能會加重肌肉收縮，反而更痛。有時候疼痛之中自己扳腳趾不容易，可以請家人幫忙。

等抽筋緩解之後，按摩一下小腿肌肉，或者熱敷、冰敷，也可以沖澡或者泡澡。

站起來走動一下，雖然痛，也要努力站起來，尤其是抽筋的那條腿，走幾步後疼痛通常就消失了。

怎樣預防抽筋？

因為搞不清懷孕期間為什麼會抽筋，也就沒有一種辦法能夠確保懷孕期間不抽筋。

有一些辦法可以減少懷孕期間抽筋的次數。

- 小腿肌肉伸展練習：在臨睡前進行小腿肌肉伸展練習或許有助於預防懷孕期間抽筋，但缺乏可信的證據，白天也可以進行這種練習。
- 不要用一個姿勢久坐或久站，要定期站起來走動走動，不要蹺二郎腿坐著。
- 如果醫生允許的話，要養成運動習慣，至少每天要走一走。
- 多喝水，確保肌肉獲得足夠的水分。
- 選擇穿著舒服的鞋子，最好穿對踝部有支持作用的高筒鞋。
- 臨睡以前泡個澡，有助於放鬆肌肉。
- 坐著的時候不定時活動一下腳踝和腳趾。
- 躺著的時候採取左側臥位。

關於補充劑，有的研究建議吃鎂補充劑，但效果並無定

論。不管是否因為缺鈣而抽筋，補鈣並不能完全改善和預防抽筋。懷孕期間補鈣是應該的，但不要單純為了預防抽筋而補鈣。

如果腿部出現紅腫和壓痛、有燒灼感、疼痛久久不消失、行走困難等情況，就有可能是出現血栓。血栓雖然罕見，但經常出現在懷孕期間，所以出現上述情況不可大意，要馬上就醫。

孕期用藥

懷孕之後面臨的一個問題是「吃藥」，因為之前只需考量藥物對本人的副作用，現在還要考慮藥物對肚子裡的孩子會有什麼不好的影響。如果整個孕程都健健康康當然皆大歡喜了，可是難免會有各種毛病，有些情況可以忍著，有些情況忍不住或者不能忍 —— 到底能不能吃藥？

談孕期用藥，首先要有正確的用藥觀，需考量下面幾點。

· 絕大多數藥物的使用都要權衡利弊，只有在利大於弊的情況下才能使用，孕期用藥值得考慮的一個問題是藥物可能會對胎兒產生嚴重的影響，出現先天性畸形（congenital malformation）等不可接受的副作用，這和正常人用藥所面臨的副作用是截然不同的，必須嚴肅對待。

· 由於藥物的臨床試驗中極少包括孕婦，因此絕大多數藥物對於孕婦的安全性是未知的，現有的資料往往來自以往使用情況、安全事故或者動物實驗，只有不到10%的藥物的

孕期安全性有一些資料。在孕期用藥上，一定要堅持「未知＝不安全」的嚴肅態度。

· 即便某些藥物大致安全，也要考慮是否「必須」用，尤其是平時用藥過度的人。例如輕微發燒，通常沒有必要用藥，不要說孕婦了，正常人也一樣。濫用退燒藥的習慣不要等懷孕了才改，而是要在備孕階段就開始著手糾正，因為有可能懷孕了而不自知，育齡女性如果打算生孩子，平時就要養成正確的用藥觀念。

權威機構在孕期用藥上進行了下面的分類：

· **A 類藥**：人體研究中沒有發現對胎兒有什麼危害。例如：用於預防出生缺陷的葉酸、用於甲狀腺機能低下症（hypothyroidism）的左旋甲狀腺素（Levothyroxine）。

· **B 類藥**：沒有可信的人體實驗數據，但動物實驗顯示對胎兒安全；或者動物實驗有不安全的結果，但臨床應用沒有出現問題。例如：阿莫西林（Amoxicillin）等抗生素、昂丹司瓊（Ondansetron）等止吐藥、糖尿病患者用的降糖藥二甲雙胍（Metformin）以及常規的中效型胰島素。

· **C 類藥**：沒有可信的人體實驗數據，動物實驗有不安全的結果，但某些情況對孕婦有利；或者沒有可信的人體實驗數據和動物實驗數據。例如：治療酵母菌感染的氟康唑（Fluconazole）、用於氣喘的泛得林（Ventolin）、治療憂鬱症的舍曲林（Sertraline）和氟西汀（Fluoxetine）。

· **D 類藥**：人體實驗有不安全的結果，但在某些嚴重的情況下，可能利大於弊。例如：治療憂鬱症的帕羅西汀（Paroxetine）、控制癲癇發作的苯妥英（Phenytoin）。

· **E 類藥**：人體實驗和動物實驗有不安全的結果，絕對不能在孕期使用。例如：維 A 酸（Tretinoin）、反應停。

從上面的分類可以看出，A 類藥放心用，B 類藥可以用，C 類藥務必謹慎用，D 類藥不到萬不得已的時候不要用，E 類藥千萬不可以用。

A 類的葉酸是必須用的，要在備孕的時候就開始吃。E 類中要小心維 A 酸，因為許多用來治療痘痘的軟膏裡有這個成分，正在用的要先停用一段時間再懷孕。

這麼多藥怎麼知道屬於哪一類的？

有辦法，但是最好的辦法是了解在一些常見的情況下，有什麼藥可以吃。

· **解熱鎮痛**：乙醯胺酚。不要用布洛芬（Ibuprofen）、萘普生（Naproxen）和阿斯匹靈（Aspirin）這些 NSAIDs，因為在第三孕程會導致胎兒出現嚴重的血液循環問題，阿斯匹靈在孕期和生產時有增加孕婦和胎兒出血的風險，所以吃不吃得聽醫生的。乙醯胺酚一定要用單一成分的，不要用複方製劑，因為裡面有其他成分，孕期用的任何東西除了綜合維他命外都不要用複方製劑的。解熱鎮痛藥屬於常用藥物，家裡要準備乙醯胺酚，能不用最好不用，萬一發

高燒受不了或者痛得太難過了，可以用。

感冒吃什麼藥？除了乙醯胺酚，其他藥都得慎重，尤其在第一孕程。普通感冒通常情況根本不必吃藥，忍幾天就過去了。流感呢？也沒有特效藥，最好的辦法是年年按時接種流感疫苗。市面上各種感冒藥通通不要吃，尤其是那些科學中藥（濃縮中藥）。倘若鼻塞嚴重，鹽水滴鼻劑之類的都可以用。

· **便祕**：多達半數的孕婦在懷孕期間便祕，可以吃乳果糖（Lactulose）。更好的辦法是吃高纖維食物、多喝水、常運動。此外鐵劑也會導致便祕，可以考慮減量或者選擇更合適的鐵劑。

· **腹瀉**：孕婦腹瀉不僅是因為吃了不乾淨的東西，也可能是因為懷孕後飲食改變或者對食物的敏感性發生變化，還有一種可能是荷爾蒙變化，尤其在第三孕程，這時候腹瀉並不代表要早產了，而是身體在為生產做準備。這種腹瀉通常會自癒，要注意多喝水和湯，這個湯可不是什麼加了亂七八糟藥材的湯。只有當確定是細菌引起的腹瀉時，才可以吃抗生素。

· **過敏**：過敏也是孕婦經常會面對的問題，其中發生氣喘的機率為1%，此外還有其他種過敏。可以吃苯海拉明（Diphenhydramine）、氯雷他定片（Loratadine），如果有在打抗過敏針，也應該持續下去。在第一孕程，不要使用

口服去充血劑（oral decongestants），因為會增加某些出生缺陷的風險，有些抗組織胺藥裡面有去充血劑，務必注意。

· **抗生素**：抗生素不可濫用，但必要的時候也得用，懷孕期間難免會遇到需要用抗生素的時候。能夠使用的抗生素不少，例如阿莫西林、氨苄青黴素（Ampicillin）、青黴素、克林黴素、紅黴素（Erythromycin）；呋喃妥因在第三孕程不能用。在使用上要選擇最安全的抗生素，還要評估最安全的劑量。

四環素類抗生素（Tetracyclines, TCs）不能吃，比如多西環素（Doxycycline）、米諾環素（Minocycline）等，因為會損傷孕婦的肝臟和使胎兒的牙齒變色。常用於治療泌尿系統感染的甲氧苄啶（Trimethoprim, TMP）和美坐磺胺（Sulfamethoxazole）有可能增加出生缺陷，雖然證據不充分，但要盡量避免。

· **甲狀腺**：懷孕期間甲狀腺容易出問題，一是甲狀腺機能亢進症（hyperthyroidism），不能進行放射性碘治療，因為會損害胎兒的甲狀腺。至於藥物，第一孕程吃丙硫氧嘧啶（Propylthiouracil, PTU），之後吃甲巰咪唑（Methimazole）。二是甲狀腺機能低下症，使用左旋甲狀腺素很安全。

· **疫苗**：孕婦如果感染德國麻疹，可能會導致胎兒出現嚴重

的出生缺陷，因此在備孕的時候要檢查一下血液中是否有抗體。如果接種 MMR 疫苗的話，一個月內不要懷孕。水痘疫苗是活性減毒疫苗，懷孕期間不要接種。孕期可以打破傷風類毒素，流感疫苗也可以接種。如果被狗之類可能攜帶狂犬病病毒（rabies virus, RABV）的動物咬傷了，是可以接種狂犬病疫苗的。

不要用那些所謂保胎、安胎的「神藥」，還有健胃消食的藥物等，最好都不要碰。

懷孕期間高血壓

懷孕期間出現高血壓並且沒有得到適當治療的話，會在懷孕期間、生產中和產後對母親及胎兒產生負面影響。懷孕期間高血壓是一種常見的、可治療的疾病，根據美國的資料，20 ～ 44 歲孕婦中高血壓的比例為 6%～ 8%，所引起的併發症則逐年增加，美國住院分娩的高血壓併發症的比例從 1993 年 5.3% 上升到 2014 年的 9.1%。

高血壓有可能出現在懷孕的任何階段，懷孕期間的高血壓有 3 種。

· **慢性高血壓**：包括兩種情況，一是在懷孕之前就存在高血壓，二是妊娠前 20 週出現高血壓。如果慢性高血壓併發子癇前症的話，尿蛋白可能異常（代表腎功能異常），肝功能

也可能有所變化。

- **妊娠高血壓**：這類高血壓只在懷孕期間出現，而且沒有蛋白尿（proteinuria），通常在妊娠 20 週之後出現。這類高血壓通常是暫時的，孩子出生後就消失了，但是會增加日後罹患高血壓的風險。某些情況下不會消失，形成慢性高血壓。

- **子癇前症**：在懷孕期間和生產後出現，主要在第三孕程出現，這是最嚴重的一種，可能出現嚴重的後果。子癇前症的症狀除了高血壓外，還有蛋白尿、手臉嚴重水腫、體液滯留導致體重增加，以及頭痛、頭暈、易怒、氣短、腹痛、噁心嘔吐、視力模糊、對光線敏感等症狀。

高血壓有「沉默的殺手」之稱，因為多數患者沒有症狀，所以懷孕期間要定期監測血壓。

懷孕期間如果高血壓嚴重的話，母子都會出現併發症。

母親會增加日後出現嚴重健康問題的風險，比如缺血性心臟病、心肌梗塞、心臟衰竭、缺血性腦中風。在懷孕期間也會增加子癇前症和妊娠糖尿病的風險，以及罕見的 HELLP 症候群 [3]。此外還有腦中風、胎盤早期剝離、早產等。

胎兒會出現早產、出生體重低和死亡等後果。

導致懷孕期間高血壓的原因有很多，體重超重和肥胖、不

---

3 HELLP 症候群：hemolysis, elevated liver enzymes, and low platelet count，是妊娠期高血壓疾病的嚴重併發症，包括溶血性貧血、肝指數上升、血小板不足。

活動、抽菸、喝酒、首次懷孕、家族史、雙胞胎或多胞胎、超過 40 歲、人工授精等，其危險因素主要是不健康的生活方式。

　　預防上就要先從生活習慣入手，多運動、均衡飲食、限制納攝取量、多喝水、定期檢查、不要抽菸喝酒。

　　治療主要是服用降壓藥，有些降壓藥對於懷孕是安全的，比如甲基多巴（Methyldopa）和拉貝洛爾（Labetalol），但血管張力素轉化酶抑制劑（ACE inhibitor, ACEI）、血管張力素 II 型受體拮抗劑（Angiotensin II receptor antagonist）、腎素抑制劑（renin inhibitor）不能用，因為這些藥物會透過胎盤進入胎兒體內，對胎兒產生負面影響，還會稀釋血液，影響母親足月生產的能力。

　　若出現嚴重的妊娠高血壓或者子癇前症（舊稱妊娠毒血症）的情況，就要住院治療，用抗驚厥藥（anticonvulsant）預防子癇（eclampsia）。

　　在某些情況下，最好的辦法就是提早生產。

子癇前症

　　子癇前症是懷孕期間最常見的併發症，表現為高血壓和肝腎等器官受損。子癇前症也被視為懷孕期間高血壓的一種，發生在懷孕之前血壓正常的孕婦身上，通常在妊娠 20 週以後出現，發生率大約 5%，如果不治療的話，會出現嚴重後果，甚至

死亡。

還有一種罕見的情況是孩子出生之後出現子癇前症，即產後子癇前症。

病因與風險因素

子癇前症可以算孕婦所面臨的最凶險的情況之一，那麼究竟是怎麼引起的？

很抱歉，不清楚。

多數專家認為問題始於胎盤，為了輸送營養給胎兒，在懷孕初期，一些新的血管形成了。如果這些血管的形成過程或功能有問題，比正常的血管窄或者對激素的訊號反應不同，這樣就限制了流向胎盤的血量。

出現這種情況的原因有供血不足、血管受損、免疫問題、某些基因等。

出現子癇前症的風險因素有：

· 家族史

· 慢性高血壓

· 第一次懷孕

· 新伴侶：每次懷孕都有一個新伴侶，其子癇前症的風險相當於第一次懷孕

· 年齡：40 歲以上孕婦

· 種族：黑人高發

- 肥胖
- 雙胞胎或多胞胎
- 兩次懷孕的間隔太短或太長：2 年以內再次懷孕或者 10 年以上再次懷孕會提高風險
- 其他疾病史：偏頭痛、糖尿病、腎病、全身性紅斑狼瘡等
- 體外人工受精（試管嬰兒）

症狀與併發症

子癇前症有可能沒有症狀，或者患者注意不到。

子癇前症早期表現一是高血壓，二是蛋白尿，高血壓可能是緩慢發展的，也有可能突然出現，這兩個症狀如果沒有定期測量血壓或者驗尿，患者很難自我發現。只有出現蛋白尿或其他臟器功能損害時，才能診斷為子癇前症。

隨著疾病的進展，患者會出現體液滯留，表現為手、足、腳踝和臉部水腫。

懷孕期間水腫很常見，尤其是第三孕程，主要發生在下肢，早上起床後症狀輕，然後越來越嚴重。這種不是子癇前症，子癇前症的水腫更加嚴重。

子癇前症本身就可以被視為高血壓後的併發症，越早出現且症狀嚴重的子癇前症對身體的威脅越大，可能需要引產或剖腹產。

子癇前症可能的併發症有以下幾種。

- **子宮內胎兒生長遲滯**：因為輸血給胎盤的動脈受影響，如果胎盤供血不足，胎兒營養就不足，會出現低出生體重和早產。
- **早產**：也因此會出現嬰兒呼吸和其他問題。
- **胎盤早期剝離**：子癇前症會增加胎盤早期剝離的風險，嚴重的胎盤早期剝離會導致大出血，危及母子生命。
- **HELLP 症候群**：溶血性貧血、肝指數上升、血小板不足，會很快危及母子生命，症狀有噁心嘔吐、頭痛、右上腹痛，會損害重要器官和系統，偶爾突然出現。
- **子癇**：因為子癇前症無法控制而出現的癲癇樣表現，往往沒有跡象，即突然發作。
- **其他器官損傷**：肝、腎、肺、心臟、眼睛、腦等器官受損。
- **心血管疾病**：子癇前症會增加將來罹患心血管疾病的風險，如果多次出現子癇前症或者早產，風險會更大。

預防和治療

子癇前症無法預防，吃低劑量的阿斯匹靈也許有效，如果懷孕前缺鈣，吃鈣補充劑可能有點效果。

診斷子癇前症，首先一定有高血壓，其次可能伴隨下列症狀：蛋白尿、血小板不足、肝功能異常、腎臟問題、肺水腫、新出現的頭痛或視力問題。

治療子癇前症最有效的辦法就是盡快把孩子生下來。

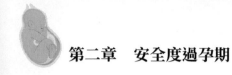

其他的治療辦法有降壓藥、糖皮質素、抗驚厥藥物。

孕期腹痛

　　肚子裡有了孩子，人們就會特別小心，不能跌倒碰撞，要是肚子突然痛起來，該怎麼辦？

　　孕期腹痛是一個常見現象，通常是無害的，用不著擔心，但也可能是一些嚴重情況的預兆，需要去檢查一下。

　　如果只是輕微腹痛，在更換姿勢、休息、大小便後就緩解的話，可以不必擔心，如果還是不放心，可以讓醫生檢查一下。

　　常見的無害孕期腹痛有以下幾種。

- **圓韌帶（round ligament）疼痛**，表現為換姿勢的時候出現刺痛或鈍痛，這是子宮到腹股溝的兩條大韌帶因為子宮長大受到牽扯而產生的不適，通常在第二孕程出現。預防這種疼痛的辦法是坐起或躺下的時候慢一點，咳嗽或打噴嚏時彎屈腰臀部，每天做一些伸展運動也有幫助。

- **脹氣疼痛**，黃體酮水準升高會導致脹氣，因為消化道蠕動變慢，食物下行緩慢，長大的子宮對器官的額外壓力也會導致消化進一步減緩。脹氣疼痛會竄行，會跑到後背和胸部。解決這種疼痛的辦法是改變生活習慣，多喝水、少量多餐、運動、避免進食容易脹氣的食物（比如油炸、油膩食物、豆類、高麗菜等蔬菜、碳酸飲料）。

- **便祕疼痛**，懷孕期間常常便祕，原因有激素水準變化、飲食缺乏水分和膳食纖維、缺乏運動、服用鐵劑、焦慮等。這種疼痛可能很嚴重，可以靠多喝水、多攝取膳食纖維加以改善。

- **布雷希氏收縮**（Braxton Hicks contractions），這是練習式的假性宮縮，最多 30 秒，會造成疼痛和不適，主要出現在第三孕程，與真正宮縮的區別在於，布雷希氏收縮不影響正常活動。美國有研究指出這種收縮可能是缺水造成的，因此多喝水或許可以避免。

還有一些孕期腹痛嚴重的情況，需要就醫。

- **子宮外孕**，占懷孕比例的 2%～ 3%，指受精卵在子宮外著床，常見於輸卵管著床。子宮外孕無法繼續懷孕，必須接受治療。子宮外孕通常在懷孕 6 ～ 10 週期間導致劇痛和出血，如果之前有過子宮外孕、患子宮內膜異位症（endo-metriosis, EMs）、進行過輸卵管結紮、帶環懷孕等情況，都會增加子宮外孕的風險。

- **胎盤早期剝離**，這是一種危及生命的情況，在胎兒出生之前，胎盤和子宮剝離了，可能導致持續疼痛，使得腹部僵硬很長時間得不到緩解，還有可能出血或者破水、背痛。

- **流產**，15%～ 20%的懷孕以流產告終，大多發生在懷孕前 13 週，症狀為輕度到重度背痛、宮縮、出血、懷孕症狀突然減少等。

- **泌尿道感染**，泌尿道感染並不難治療，如果不治療會出現許多併發症，包括疼痛、不適、排尿疼痛等症狀，如果波及腎臟，還會出現下腹痛、腰痛、發燒、噁心、出汗、寒顫等症狀。

- **子癇前症**，會出現上腹痛，通常位於右側肋骨下方。子癇前症患者中有15%會出現HELLP症候群，即溶血性貧血、肝指數上升、血小板不足，需要立即就醫。

孕婦感冒了，怎麼辦？

普通感冒是我們人類最常見的呼吸道疾病，正常人一年會得2～3次，更不要說孕婦了，因為孕婦的免疫功能處於低下的狀態，這就導致孕婦更容易被病毒或細菌感染。此外，罹患嚴重的呼吸道傳染病（比如流感）以後，孕婦得肺炎、支氣管炎、鼻竇炎（sinusitis）等併發症的風險會更高，有時一場懷孕會經歷好幾次感冒。

當一名孕婦覺得自己感冒了之後，要弄清楚兩點。

妳是真的感冒了還是因為懷孕導致的反應？

如果妳出現鼻塞和緊張性頭痛（tension headache），但沒有其他症狀的話，很可能不是感冒，因為懷孕期間的荷爾蒙變化很容易導致鼻塞和緊張性頭痛。

如果有打噴嚏、流鼻涕、喉嚨痛、哮吼（croup）、咳嗽、發燒等症狀，就是感冒了。

弄清楚這一點，就可以減少許多擔驚受怕，也可以降低亂用藥物的風險。

妳是普通感冒還是流感？

普通感冒和流感的症狀類似，比如咳嗽和流鼻涕，如果妳的症狀很溫和，那就是普通感冒；如果妳高燒、顫抖、非常疲倦，很可能得流感了。

之所以要釐清這一點，是因為流感會增加早產、出生缺陷等的風險，嚴重的還會導致胎兒甚至孕婦死亡，因此若孕婦罹患流感，要立即進行抗病毒治療。

如果出現頭暈、呼吸困難、胸痛、陰道出血、嚴重嘔吐、發高燒而且用乙醯胺酚無法退燒、胎兒活動減弱等情況，要馬上掛急診。如果出現咳出黃色或綠色痰、症狀遷延 2 週以上等情況，也要立即就醫。

更為妥當的是接種流感疫苗，其實每個人都應該接種流感疫苗，孕婦則是「必須」，流感疫苗除了能讓孕婦在懷孕期間預防流感，在孩子出生後的 6 個月內，還能為孩子提供被動免疫。如果孕期橫跨秋季，就要連續接種兩年的流感疫苗，即在 9、10 月分的時候第一時間接種本年度的流感疫苗。

第二章　安全度過孕期

普通感冒對大人和孩子有沒有影響？

對於這個問題，人們往往先考慮是否對孩子有影響。

一般來說，母親感冒了，對肚子裡的孩子是沒有影響的，因為普通感冒是一種較為溫和的疾病，人體的免疫系統能夠很好地控制住。

如何預防普通感冒？

首先，孕婦要比正常人更加注意勤洗手，按照潔癖的標準洗、洗、洗！

其次，少去人多擁擠的地方，周圍若有人感冒，也要離他們遠一點。

第三，要養成運動的習慣，游泳、散步、騎腳踏車等都是適合孕婦的體育活動，這樣可以維持免疫系統正常運轉。運動不僅有助於預防感冒，也能緩解孕期各種不適，並且有助於順產。

最後要吃原型食物，持續吃孕婦維他命，讓身體處於良好的狀態。

懷孕後身體會發生很多變化，尤其是荷爾蒙的變化，這會讓身體出現一些和感冒相似的症狀，比如流鼻涕和頭痛，如果這些症狀不是持續性的，就不是感冒。

能不能吃藥？

得了感冒之後，很多人都希望盡快痊癒，特別是在懷孕期

間，不希望自己總是病懨懨的。然而孕期恰恰是用藥萬分小心的時期，原則上，懷孕頭 12 週是胎兒發育的關鍵階段，最好避免使用任何藥物。28 週後也應該盡量避免用藥。

有很多藥物對於懷孕是安全的，在對付感冒上，不要服用複方性藥物，用藥就要用單一成分的藥物，只針對要解決的症狀。

很多醫生的建議是不用藥，多喝水或者喝果汁；多休息，上身抬高躺著以確保呼吸順暢；使用加溼器，熱敷頭部、鼻部和肩部以緩解疼痛。如果症狀不嚴重，特別是沒有發高燒的話，這樣處理就可以了。

孕婦感冒後，很重要的藥物是止痛藥，因為懷孕期間的疼痛會導致壓力和高血壓，甚至出現憂鬱症狀。

這裡說的止痛藥是 NSAIDs：一是乙醯胺酚，二是布洛芬等 NSAIDs。根據現有的研究資料，如果在懷孕前半程服用 NSAIDs，有可能增加流產的風險。但乙醯胺酚並非 100% 安全，有研究發現，在第一孕程服用，會增加孩子日後罹患注意力不足過動症（attention deficit hyperactivity disorder, ADHD）的風險。而處方類止痛藥更不能輕易使用，如果在第一孕程使用，會增加出生缺陷的風險。

在這些藥物中，乙醯胺酚相對來說最安全，不過出於這些研究都有局限性，美國 FDA 並沒有做出推薦。但如果非使用不可，應該優先選擇乙醯胺酚。

第二章　安全度過孕期

　　孕婦使用乙醯胺酚的比例很高，美國的數據是 2/3 的產婦曾在懷孕期間使用乙醯胺酚。在服用這種藥物的時候，應該從最小劑量開始，時間不要太長。

　　布洛芬等 NSAIDs 是在乙醯胺酚之後的選擇，而且不要在懷孕最後 3 個月服用，因為可能導致胎兒血管問題，同時也有可能導致羊水減少。

　　咳嗽藥如果不超過劑量，對孕婦是安全的。但咳嗽藥的藥效不確定，因此對於咳嗽，雖然不舒服，還是盡量不要用藥，而是選擇加溼器。

　　沒有證據顯示抗組織胺藥對於孕婦是安全的，普通感冒不是過敏，沒有必要服用抗組織胺藥物。

　　對於去充血劑，目前安全性證據不足，也是要盡量避免使用的。

　　中藥、科學中藥則最好別用了，因為沒有可信的安全性證據，且很多科學中藥都添加了西藥。

　　各種偏方、草藥、藥膳等也是一概不能用，這些東西比常用的中藥更不安全。

　　艾灸、拔罐、各種貼布同樣一概不用，灸煙會造成嚴重的空氣汙染，尤其要避免。

西藥、補品，除了孕婦維他命、葉酸之外，一概不用，很多補充劑只是沒用的草藥。

孕婦應該接種哪些疫苗？

疫苗是預防傳染病最有效的辦法，兒童接種疫苗已經成為社會的共識，但人們對成人接種疫苗的認知還非常不足，對於孕婦接種疫苗的認知更不足，且存在著很大的偏見。

華人在孕婦的保護上存在著非常不正確的認知，包括很多醫生。人們認為孕婦嬌貴，凡事務必慎重，具體到疫苗上，能不接種就不接種。現有的臨床證據恰恰相反，相當一部分疾病（特別是傳染性疾病）可能會造成出生體重過低、出生缺陷、早產、流產和死產，還有些疾病會對孕婦造成影響，甚至導致孕婦死亡。孕婦之所以特殊，是因為她們和她們肚子裡的胎兒對這些傳染病及其併發症比一般人敏感，容易出現嚴重的症狀。保護孕婦和胎兒要從盡量避免罹患傳染病入手，最好的方法是接種疫苗。

疫苗的安全性是人們最關心的問題，謹慎是必要的，但謹慎必須建立在臨床證據的基礎之上，而不是建立在臆想之上。根據現有的資料，整體而言，大多數疫苗對孕婦是安全的，是否應該接種則要具體分析。

第二章　安全度過孕期

可能對孕婦和胎兒造成嚴重影響但是可以被預防的病原體有以下幾種。

德國麻疹病毒

孕婦接種疫苗要從備孕時開始，第一個要考慮的是德國麻疹疫苗。

德國麻疹病毒感染在懷孕初期會導致嚴重的出生缺陷甚至胎兒死亡，因此在懷孕之前要驗血，看看有沒有德國麻疹病毒抗體（IgM）。大多數人小時候都接種過麻疹、腮腺炎和德國麻疹（measles mumps and rubella, MMR）疫苗，但還是要確定體內有產生抗體。如果沒有的話，應該再次接種 MMR 疫苗。但是接種後一個月內不要懷孕，最好等血液檢查出現德國麻疹病毒抗體之後再懷孕。

接種後需要等一個月的主要原因是 MMR 疫苗是用減毒株製備的，理論上有可能導致胎兒感染，雖然目前並沒有這樣的臨床病例，可是權威機構還是建議接種 MMR 疫苗之後一兩個月不要懷孕，在懷孕期間也不要接種，但可以在生完後馬上接種。

流感病毒

母親罹患流感會導致胎兒出生體重過低、流產等嚴重後果，罹患流感之後孕婦也有可能出現早產、流產甚至孕婦死亡，因此孕婦是流感的高危族群之一。

2009 年的 H1N1 新型流感疫情，導致美國孕婦流感疫苗接種率成倍上升，也提供了一次觀察流感疫苗對孕婦是否安全的機會。結果顯示，流感疫苗對孕婦是絕對安全的，權威機構隨即修改了指南，建議孕婦無論處於懷孕的任何時期，都要在年度流感疫苗上市後馬上接種，把接種流感疫苗視為頭等大事。

由於流感疫苗是需要年年接種的，如果懷孕跨年度，即在 9 ～ 10 月之間還處於懷孕期的話，就要接種兩個年度的流感疫苗，因為嬰兒要等到 6 個月才能接種流感疫苗，在此之前只能仰賴母乳提供的防護，所以不僅懷孕期間要具備對流感病毒的免疫力，在哺乳期也要具備對流感病毒的免疫力。

百日咳桿菌

和德國麻疹一樣，百日咳也是可以透過幼年時接種疫苗而被預防的疾病。以前權威機構的建議是沒有接種過百日咳疫苗的孕婦要接種百日咳疫苗，現在的建議是所有孕婦每一次懷孕都要接種百日咳疫苗。

百日咳疫苗有兩種，DTaP 和 Tdap（減量破傷風白喉非細胞性百日咳混合疫苗），都是百日咳（pertussis）、破傷風（tetanus）和白喉（diphtheria）三合一疫苗，給 2 個月到 6 歲幼兒接種的是 DTaP，給 11 歲以上兒童、成人和孕婦接種的是 Tdap。

孕婦接種 Tdap 主要是為了孩子，因為百日咳感染有可能導致孩子呼吸停止，嬰兒要等到出生後 2 個月才能接種第一劑 DTaP，這樣就有一個空窗期。孕婦接種 Tdap 疫苗最好在懷孕 27 ～ 36 週之間，這樣母親的抗體可以傳給胎兒，就能夠覆蓋這段空窗期。只接種一次所獲得的免疫力並不能維持在較高的水準，因此每一次懷孕都要在懷孕後期重新接種 Tdap，以便胎兒獲得足夠的對百日咳的免疫力。

DTaP 對孕婦的安全性還沒有被證實，因此孕婦不要接種這支疫苗。

B 型肝炎病毒

B 型肝炎病毒疫苗是第一支癌症疫苗，透過預防 B 型肝炎病毒的感染，降低日後罹患肝癌的機率。臺灣是 B 肝大國，B 肝疫苗的重要性更為顯著。

如果孕婦被 B 肝病毒感染，大約 40％的嬰兒會成為慢性 B 肝帶原者，其中約 25％會死於慢性肝病。

根據目前有限的臨床資料，B 肝疫苗對孕婦是安全的。但美國 CDC 並沒有建議孕婦接種，因為美國的 B 肝感染率不高，只建議高危孕婦，即周圍有 B 肝傳染源的孕婦接種。在臺灣，B 肝傳染源很多，如果不具備對 B 肝病毒的免疫力，就應該接種

B 肝疫苗。

其他病原

雖然疫苗整體上是安全的，但有一些疫苗對於孕婦的安全性還沒有被確定，目前不建議孕婦接種。

其中一類在特殊情況下可能會接種，比如 A 型肝炎疫苗（簡稱 A 肝疫苗）。A 肝疫苗對孕婦的安全性還沒有被確定，現在不建議孕婦接種，但有例外。如果孕婦患有慢性肝病的話，為了保護孕婦的肝臟，醫生可能會建議孕婦接種 A 肝疫苗；倘若孕婦計劃外出旅行，醫生也會建議孕婦接種 A 肝疫苗。

類似的情況還有腦膜炎（meningitis）疫苗，對於從事相關工作或者計劃外出旅行的孕婦，醫生可能會建議接種腦膜炎疫苗。

屬於這一類的還有肺炎疫苗，如果本身屬於高危族群或者有慢性病，醫生也會建議接種。

另外一類是不要在懷孕期間接種的，比如之前提過的 MMR 疫苗，還有水痘疫苗，也是接種後一個月內不要懷孕。

小兒麻痺（poliomyelitis）疫苗也不需要接種，一是安全性不確定，二是感染風險僅在某些開發中國家較高。

總之，孕婦不但不應該排斥疫苗，還應該積極接種那些醫

生推薦接種的疫苗。

胎位

　　胎兒因為被羊水包裹著，因此能活動。當孕婦感到胎兒在踢或者擺動，就是胎兒在活動。當胎兒小的時候，在子宮內活動的空間大，到了妊娠的最後一個月，因為胎兒太大，活動的空間就很小，這時候胎兒所處的位置就變得很重要，因為胎兒處於分娩的最佳位置才有利於順產。

　　胎位分為 4 種：枕前位（occiput anterior）、枕後位（occiput posterior）、臀位、橫位（transverse lie），每種還可細分，這幾種胎位中，枕前位是分娩的最佳胎位，也是正常胎位。

枕前位

　　大多數胎兒在妊娠 33 ～ 36 週就已經處於枕前位了，這種胎位能減少生產時的併發症，胎兒存活率高，這是人類經過長期演化優勢而出現的趨勢。

　　枕前位指的是胎兒的頭朝下，面對母親，這樣符合母親的生理結構，使得頭部貼向胸部，頭部下壓子宮頸，使之在生產時能夠張開。

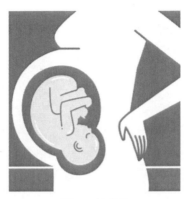

圖 9　枕前位

　　枕前位（圖 9）又根據胎兒是稍稍偏左還是偏右，分左枕前位（left occiput anterior, LOA）和右枕前位（right occiput anterior, ROA）。

枕後位

　　枕後位（圖 10）同樣頭朝下，但背部對著母親。這種胎位和枕前位相比，胎兒脊柱與母體脊柱接近，不利於胎頭俯屈，因此就難以進入骨盆最小部位。在第一產程，1/10 ～ 1/3 胎兒是枕後位，其中大多數在出生之前能自己轉過來。如果轉不過來，就會導致產程慢而長，還可能導致母親背痛。

　　出現枕後位，常常是因為母親在懷孕期間長時間坐著或躺著。由於胎兒的背部比前面重，因此矯正過來的機率很高。

圖 10　枕後位

臀位

臀位（圖 11）和正常胎位是相反的，頭朝上，分為 3 種。

· 完全臀位（圖 11A）。胎兒端坐，腿交叉於身前，腳位於臀部。

· 腿臀位（圖 11B）。胎兒的腿伸至胸前，腳靠近面部。

· 足臀位（圖 11C）。胎兒一隻腳或雙腳懸在下面，如果採取自然分娩的話，胎兒的腳會先出來。

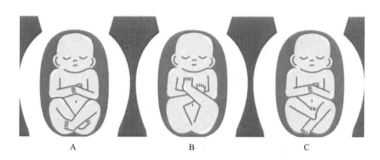

圖 11　臀位

　　臀位的原因是羊水過多或過少、子宮肌瘤、子宮不規則、雙胞胎或多胞胎等，如果是雙胞胎的話，其中一個是枕前位或枕後位，另一個則是臀位。

　　臀位有時候是可以自然分娩的，但有出生缺陷或分娩時受傷的風險，也會增加臍帶繞頸（nuchal cord）的風險。

　　如果不成功，就要選擇剖腹產，特別是足臀位，因為臍帶繞頸的風險高。

橫位

　　橫位（圖 12）是罕見的胎位，胎兒在子宮內橫臥，多數胎兒在臨產前不會處於這種胎位。

　　如果是橫位的話，就要選擇剖腹產，否則會出現臍帶先露（cord presentation）。

　　前面提到過，大多數胎兒的胎位是正常的。為了確保胎位正常，可以

採取下面的措施：

- ・ 坐的時候，將骨盆前傾；
- ・ 每天花一點時間坐在瑜珈球上；
- ・ 坐的時候保持屁股高於膝蓋；
- ・ 如果從事的職業需要久坐，每隔一段時間起來走動一下；
- ・ 每天做幾次手足膝著地的練習（圖13）。

圖12　橫位

圖13　橫位校正練習

第三章　孕期的日常生活

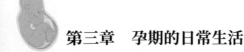

第三章 孕期的日常生活

懷孕禁忌

懷孕沒有民間講究的那麼多禁忌，但懷孕也不是百無禁忌，有些食物孕婦不能吃，有些事情孕婦不能做。

首先是不能飲酒，因為酒精可能會透過胎盤導致胎兒酒精症候群（fetal alcohol syndrome, FAS），出現各種異常，包括生理發育異常、智力缺陷、行為問題、癲癇、發育遲緩等。目前還不知道懷孕期間安全的飲酒量，因此孕婦要嚴格戒酒。中餐烹飪過程中會加酒調味，有些補品和藥品含有酒精，這些都要注意。

其次是抽菸和吸毒，這些是絕對不可以的，還要避免二手菸、三手菸，要盡可能生活在一個無菸害的環境中。

第三是藥物，各種藥物都有懷孕安全等級，因此服藥前要注意。中藥和科學中藥在懷孕藥物安全性上的證據不足，不建議服用。

飲食方面，由於懷孕期間會出現嗅覺變化，如果感到難聞的話就不要吃。在外用餐要避免生食，因為有細菌汙染的風險，尤其是李斯特菌，它會透過胎盤導致胎兒死亡。同樣的原因，未消毒的乳製品和果汁都不要吃。

鯊魚、長鰭鮪魚、旗魚、鯖魚等含汞量高，不要吃；生的肉和魚也不要吃，以免增加食物中毒的風險；生雞蛋可能含有沙門氏菌（*Salmonella*），不僅不要吃，也不要接觸。

懷孕是可以喝咖啡的，但如果喝得太多，咖啡因也會透過胎盤影響胎兒。咖啡因每日限量為 200～300mg，相當於 2 杯咖啡，也可以喝低咖啡因咖啡（decaf）。

孕婦要避免洗三溫暖和泡熱水澡，因為有體溫過熱的風險，母親的體溫過高可能會導致胎兒先天異常，因此也要避免會引起體溫過高的活動，比如熱瑜伽、晒太陽的時間過長、待在高溫環境中過久、過度運動和脫水，還有夏天不開冷氣和電扇。

孕婦不要做翻滾、雲霄飛車或其他急停急動的娛樂項目，還有那些改變重力的活動項目。參加活動時要考慮是否有摔倒的風險，例如溜冰、滑板、攀岩等高風險運動要避免參與。蹦蹦跳跳的運動、突然變換方向的運動、腹部和背部的運動也要盡量避免。

孕婦在進行體育活動時，不要參加接觸性運動項目，如拳擊和足球，以免增加受傷和胎盤早期剝離的風險。孕婦也不要舉重，因為會增加出生體重低、早產和母體疝氣（hernia）等風險。

如果家裡有養貓，不要接觸貓屎，清理的工作交由其他人負責。因為接觸貓的糞便可能會得到弓形蟲感染症，若又傳給胎兒會導致孩子失明、智力缺陷、大腦和眼睛損傷。

懷孕怎麼吃水果？

　　孕婦都會吃孕期維他命，這是因為懷孕之後對維他命和礦物質的需求增加的緣故。水果是維他命和其他營養的良好來源，在懷孕期間吃水果對於孕婦和胎兒都有好處，這是孕期健康飲食中不可缺少的一部分。

　　懷孕期間每天要吃 5 份水果蔬菜，或者 2～4 份水果和 4 份蔬菜，1 份新鮮水果約等於 1 顆中等大小的水果。如果無法採買新鮮水果，可以吃罐頭水果、冷凍水果或者果乾。

　　孕婦沒有必要對任何水果忌口，但要注意不要吃太多含糖量高的水果，尤其是果汁和果乾，無論在含糖量上還是在熱量上都遠遠高於新鮮水果，因此盡可能少喝果汁、少吃果乾。

　　生吃水果要洗乾淨，重點在於用流水沖，能削皮的就削皮。如果要在冰箱裡保存，不要和生肉放在一起。瓜果切開後馬上吃，不要吃存放一段時間的已經切開的瓜果。

　　下面是一些適合孕婦吃的水果。

- 　杏：富含維他命 A、維他命 C、維他命 E、鈣、鐵、鉀、β-胡蘿蔔素（β-Carotene）、磷、矽，尤其有助於預防貧血和補鈣。
- 　橘子：有助於補水，而且富含葉酸、維他命 C，葉酸對於預防出生缺陷很重要。

- **芒果**：富含維他命 A 和維他命 C，一個芒果足以供應一天所需的維他命 C 和一天所需的維他命 A 的 1/3。

- **梨**：富含膳食纖維、鉀、葉酸，懷孕期間容易便祕，因此要確保膳食纖維的攝取量。

- **石榴**：富含維他命 K、葉酸、鐵、蛋白質、膳食纖維，特別是鐵。

- **酪梨**：富含維他命 C、維他命 E、維他命 K、膳食纖維、維他命 B 群、鉀等，同時含有大量的植物脂肪，對胎兒發育有好處，鉀有助於預防懷孕期間經常出現的腿抽筋。

- **芭樂**：富含維他命 C、維他命 E、多酚（polyphenol）、類胡蘿蔔素（carotenoid）、異黃酮（isoflavones）、葉酸。

- **香蕉**：富含維他命 C、鉀、維他命 B_6、膳食纖維，有助於預防孕期便祕，還有可能緩解晨吐。

- **葡萄**：富含維他命 C、維他命 K、葉酸、抗氧化物（antioxidant）、有機酸、果膠。

- **莓類**：富含維他命 C、碳水化合物、抗氧化物、膳食纖維。

- **蘋果**：富含維他命 A、維他命 C、膳食纖維、鉀。

- **檸檬**：加在水裡有助於多喝水。

第三章　孕期的日常生活

懷孕能吃海鮮嗎？

老婆懷孕的時候，我們住在巴爾的摩（Baltimore）——著名的螃蟹城，於是國內的親友們紛紛提醒：懷孕了，不能吃螃蟹。

——為什麼呀？

——生下來的孩子橫著走。

這句話很容易反證，巴爾的摩有那麼多孩子，沒見到一個橫著走的，難道這也跟體質有關？

特意上網搜了一下，找到一個流傳較廣的說法：

「螃蟹性寒，有活血化瘀的作用，懷孕初期的媽媽食用過量易造成出血，增加流產風險。另外，螃蟹體內易殘存寄生蟲，吃多了可能對孕婦和胎兒的身體不利。所以為了安全起見，建議孕婦少吃或不吃螃蟹。尤其是在懷孕初期，建議孕婦盡量不要吃螃蟹，更不要吃蟹爪；懷孕中後期的女性，能不吃也最好不吃，同時不能吃蟹腳。」

為什麼不能吃蟹腳？這段話沒有解釋，只能繼續搜尋，發現了原因：南梁名醫陶弘景的中草藥經典書籍《名醫別錄》上寫著「蟹爪，破包墮胎」。

孕婦是可以吃螃蟹的，而且根據美國 FDA 的建議，熟螃蟹是懷孕期間吃海鮮的最佳選擇之一。螃蟹要買活的，吃以前放在冰箱裡保存。

同樣，孕婦也能吃蟹肉棒，只要不吃生的就好。但蟹肉棒不如螃蟹有營養。

從另一個角度來看，懷孕期間要少吃甚至避免的食物之一是壽司和生魚片，貝類也不要吃，生的海產和貝類容易帶有沙門氏菌和創傷弧菌（*Vibrio vulnificus*），會導致嘔吐、腹瀉、腹痛等症狀。處理海鮮的時候要注意將生食和熟食作區分，認真消毒所使用的廚具和餐具，從這個角度上看，最好自己處理海鮮，不要在外面吃，以免處理得不乾淨。

懷孕期間要確保 Omega-3 脂肪酸的攝取，因為對胎兒發育有好處，可以降低早產的風險。進食量大約是每週 250g 的海鮮，分兩到三次吃，要吃熟的、低汞的海鮮，例如：

- 螃蟹
- 蝦
- 龍蝦
- 小龍蝦
- 淡水鱒魚
- 鯰魚

- 黑線鱈魚
- 鱈魚
- 鮭魚
- 白鮭魚
- 扇貝

每週只能吃一次的海鮮如下：

- 鯉魚
- 鱸魚
- 鯕鰍

- 鯛魚
- 鮪魚

要避免吃含汞量高的海鮮，因為汞會導致胎兒出現神經問題和認知異常，這些海鮮有：

· 鯖魚

· 鯊魚

· 旗魚

· 油魚

· 大西洋胸棘鯛

· 長鰭鮪魚

懷孕期間能做愛嗎？

從本質上來說，人類的性生活是以懷孕為目的的。懷孕了，性生活的目的就達到了；懷不上，就繼續做。但是到了今天，性愛和懷孕在某種程度上分開了，因為有試管嬰兒和人工授精，不做愛也能懷孕；因為有避孕措施，做愛也可以不懷孕。這樣一來，就有一個問題，懷孕期間能做愛嗎？

懷孕後性慾的變化

對於一部分孕婦來說，因為嚴重的孕吐或者太累，並沒有做愛的念頭；但另一部分孕婦則很渴望性愛。因為懷孕期間荷爾蒙變化，有的人因此性慾旺盛，有的人則性慾低下（尤其在第一孕程）。這兩種情況對胎兒的健康都沒有影響。

懷孕期間做愛安全嗎？

不是所有的孕婦都能夠做愛。

但對於正常的、沒有併發症的低風險懷孕，做愛是非常安全的。

第二孕程期間做愛是不會引起流產的，流產的絕大部分原因是胎兒本身有問題，這是機體一種確保生下健康嬰兒的自然功能。

孕期做愛引起的高潮會產生宮縮，現有研究並未發現這種宮縮會導致早產，但如果孕婦有早產的風險，還是要避免做愛。

第二孕程期間做愛不會對胎兒造成傷害，因為有羊水保護，子宮壁的肌肉也很厚。孕期做愛時，有些孕婦一邊想著肚子裡的孩子，精神上無法放鬆，很可能無法充分享受性愛，再加上疲勞、背痛、增加的體重和其他懷孕的症狀等都會影響到性生活品質，因此要盡可能讓心理和生理從懷孕的負擔和顧慮中解脫出來。

懷孕期間怎麼做愛最好？

簡言之，孕婦感到最舒服的位置最好。

隨著懷孕的進程，之前感到舒服的姿勢可能會變得不舒服，要找到新的舒服的姿勢。側位相對來說會好一點，不能採取傳統的男上位。

孕婦可能要用潤滑劑。

第三章　孕期的日常生活

如果對男方沒有把握的話，要用保險套，這是為了防止性病，因為性病會影響孕婦和胎兒的健康，不要想說已經懷孕了就不在乎避孕了，要牢記避孕措施的另外一個目的是預防性病。

什麼時候不能做愛？

如果性愛中的宮縮出現疼痛，要終止做愛，並找醫生檢查一下。

如果出現陰道出血或者羊水破了，要馬上終止做愛並就醫。

第三孕程是不可以做愛的，此時的宮縮會導致早產、胎盤早期剝離、大出血，嚴重的甚至會致命。

如果是存在前置胎盤、有早產史、懷了多胞胎的孕婦，就要避免做愛，其他一些不正常的懷孕情況也要盡量避免做愛。

做還是不做？

在懷孕期間，做愛還是不做愛，決定權在於女方而不是男方，特別是當女方不願意做的時候，就不應該做了。

懷孕不是男方出軌的理由，以這種理由為藉口而出軌的男人是十足的垃圾。犯錯可以原諒，但把錯誤推在女方懷孕上是不可原諒的，哪怕懷孕是女方執意所為。

即便不做愛，夫妻之間也可以透過接吻、按摩、愛撫等方式使夫妻關係融洽。

如果兩個人能夠全身心地投入孕育新生命之中，將會是他

們自己生命的一次昇華，性愛只是這個昇華過程中的調味劑，重在昇華而非調味。

懷孕和哺乳期能不能進行牙科治療？

民間對於孕婦的禁忌很多，從科學的角度來看，這些禁忌絕大多數是沒有根據的。該禁的不禁，不該禁的亂禁。

懷孕與牙齒

懷孕之後，由於黃體酮水準升高，牙齒較為敏感，罹患牙齦炎的風險升高，這種牙齦炎被稱為妊娠期牙齦炎（pregnancy gingivitis），從懷孕第 2 週到第 8 週開始出現，在第三孕程達到高峰，出現牙齦腫痛、牙齦出血、口臭等症狀。

懷孕之後，蛀牙的風險也增加了，這是懷孕後口腔酸度增加造成的，孕吐又帶來更多的胃酸，使得蛀牙的風險進一步增加。

懷孕之後，荷爾蒙的變化會影響支持牙齒的韌帶和骨骼，即便在沒有牙周病的情況下，也會出現牙齒鬆動。

懷孕是對口腔健康的一場檢驗，如果之前不注意口腔衛生，存在著潛在的隱患，這時候就可能會浮現出來，最常出現的問題之一是智齒，鬧起來比肚子裡的孩子還折磨人。

在備孕期間要去看一次牙醫，檢查一遍牙齒，把該補的蛀

第三章 孕期的日常生活

牙補了，該拔的智齒拔了，牙周病要治，如果什麼毛病都沒有，就洗一次牙，然後從此開始認真刷牙、用牙線。

洗牙

　　每個人都應該定期洗牙，至於多久洗一次則沒有定論，現在通用的每半年洗一次的建議並沒有可信的科學證據支持，也就是說，這種洗牙頻率是否有助於預防牙周病並不清楚，但洗牙對於預防口腔疾病是很重要的。從預防妊娠期牙齦炎出發，懷孕期間的洗牙頻率要短於 6 個月，哺乳期中則每 6 個月洗一次。

　　洗牙是物理式的操作，對於胎兒和母乳都不會有影響的。

補牙與拔牙

　　如果牙齒出了問題，痛起來可真的要人命，不少孕婦和哺乳期女性選擇忍著。忍，一來很不舒服，二來耽誤治療，問題越來越大，到後來不是牙齒保不住，就是出現更為嚴重的牙齦問題。

　　在懷孕和哺乳期間出現牙齒的問題，需要補牙或者拔牙的情況，從安全性來說是沒有問題的。把蛀牙補上並不會導致沒有母乳，把壞牙齒拔了也不會連同孩子一起拔掉。人們的顧慮主要是在所用的麻醉藥上。

　　補牙和拔牙都要用麻醉藥，尤其是拔牙，可以選擇全身麻醉或局部麻醉，如果擔心就選擇局部麻醉，對於肚子裡的孩子是安全的。美國 2015 年有一項研究，比較看牙齒時用過局部麻醉

藥和沒用過局部麻醉藥的孕婦，發現在流產、出生缺陷、早產和胎兒出生體重上沒有區別，說明局部麻醉藥對胎兒是安全的。

對於哺乳期女性來說，有幾項研究發現牙科手術所用的局部麻醉藥對母乳沒有影響，牙科手術之後可以馬上餵奶。如果還想再謹慎一點，手術後暫時以奶粉餵哺。

拍片

牙科檢查要拍攝 X 光片，這個要考慮的風險涉及母與子。從母親的角度來說，是否拍攝 X 光片是一種利弊取捨。

X 光會影響胚胎和胎兒發育，但前提是有達到一定的劑量。任何一種醫用 X 光，一次照射的劑量根本不足以影響胚胎和胎兒的發育，包括頭部和胸部 CT、胸部 X 光片、腹部 X 光片和牙科 X 光片，因此懷孕期間拍攝牙齒 X 光片是安全的。

對於哺乳期女性來說，口腔 X 光片對於孩子是安全的，就算拍胸部 X 光片，對孩子同樣是安全的。

懷孕和哺乳不是不看牙醫、不治牙齒的藉口，該看的還是得看，該治的還是得治。

其他的牙科治療，如美白、植牙、矯正牙齒等也可以，但這些不是因為疾病而是因為愛美的，就可以等一等，尤其是矯正牙齒，懷孕期間牙齒敏感，戴牙套會增加不適，本來肚子大就不舒服，沒有必要再添亂，等生下來再說吧！在哺乳期進行這些治療也一樣，多一事不如少一事。

孕婦與維他命 / 礦物質

　　孕婦應該考量到，如何安排飲食方案，才能既確保孕期攝取足夠營養，也確保胎兒能健康成長。懷孕之後面臨的一個問題是怎麼補充維他命和礦物質。

　　首先，為了預防出生缺陷，葉酸一定要在飲食之外額外補充。其次，吃維他命補充劑和從飲食中攝取並不矛盾，不管吃不吃、吃多少補充劑，都要盡量從飲食中多攝取必需的維他命和礦物質，因為這是最好的也是最有效的途徑。最後，要根據醫生的意見吃補充劑（比如綜合維他命），不要自以為是或者聽什麼人的建議胡亂買來吃。

　　下面就逐一列舉一下這些維他命和礦物質。

- **維他命 A 和 β- 胡蘿蔔素**：每日攝取量 700μg，幫助骨骼和牙齒生長，來源有肝、添加了維他命 A 的牛奶、蛋、綠色和黃色蔬菜（如菠菜、紅蘿蔔、花椰菜，以及馬鈴薯和南瓜）、黃色水果（如哈密瓜）。

- **維他命 B_1（硫胺素，thiamine）**：每日攝取量 1.4mg，調節神經系統、提高熱量水準，來源有全穀、麥片、小麥胚芽、蛋、米飯、莓類水果、堅果和豬肉等。

- **維他命 B_2（核黃素，riboflavin）**：每日攝取量 1.4mg，維持熱量、保護視力、保持皮膚健康，來源有紅肉、魚、乳製品、麥片、蛋。

- **維他命 B_3（菸鹼酸，niacin）**：每日攝取量 18mg，對皮膚、神經和消化系統有益，來源有高蛋白食物（如肉類、魚、牛奶、蛋）、麥片和麵包、花生。

- **維他命 B_6（抗皮炎素，adermin）**：每日攝取量 1.9mg，有助於紅血球合成、緩解早起噁心嘔吐，來源有雞肉、魚、豬肉、大豆、豬肝、蛋、紅蘿蔔、哈密瓜、菠菜、小麥胚芽、葵花籽、香蕉、花椰菜、糙米、花生、核桃。

- **葉酸（維他命 B_9）**：每日攝取量 600mg，防止神經管出生缺陷，來源是橘子、草莓、綠葉蔬菜（如菠菜、青花菜、花椰菜）、麥片、堅果。

- **維他命 C**：每日攝取量 80 ～ 85mg，防止組織損傷、幫助身體吸收鐵、建立健康的免疫系統，來源有柑橘、青椒、綠豆、草莓、木瓜、馬鈴薯、花椰菜、番茄。

- **維他命 D**：每日攝取量 5mg，幫助鈣和磷吸收，有助於骨骼和牙齒生長，晒太陽是最佳途徑，食物來源有添加了維他命的牛奶、魚。

- **維他命 E**：每日攝取量 15mg，有助於紅血球合成，來源有菜籽油、小麥胚芽、堅果、菠菜、麥片。

- **鈣**：每日攝取量 1,000 ～ 1,300mg，強化骨骼和牙齒，有助於預防血栓，有助於肌肉和神經功能，來源有牛奶、優酪乳、豆漿、奶酪、強化食品（fortified food）。

- **鐵**：每日攝取量 27mg，幫助生成血紅素（hemoglobin，

Hb），預防貧血、胎兒出生體重過低以及早產，來源有牛肉、豬肉、菠菜、豆干、果乾、小麥胚芽、強化食品。

· **鋅**：每日攝取量 11 ～ 12mg，參與胰島素和酶生產，來源有紅肉、雞肉、堅果、麥片、乳製品、全穀物食品。

還有一個是維他命 B_{12}，最新研究發現，孕婦維他命 B_{12} 水準低的話，會增加胎兒日後罹患第二型糖尿病的風險。

關於補充劑的使用要注意以下幾點：

維他命 D 應該注意補充，尤其冬季不常曬太陽，也不易從食物中攝取，此時補充劑是一個選擇。

研究認為，孕婦服用葉酸補充劑證據充分；維他命 D 的證據則較少，但還是建議服用維他命 D 補充劑；其他維他命補充劑證據不足，維他命 A 補充劑服用過量對胎兒發育有害。

至於魚油，魚油對母子健康非常有益，從魚油補充劑中攝取魚油是一個安全的辦法。魚油包括 EPA 和 DHA[4]，其中 DHA 有助於大腦、眼睛和神經系統，有益於懷孕，因此可以考慮使用 DHA 補充劑。

4　EPA：eicosapentaenoic acid，二十碳五烯酸；DHA，docosahexaenoic acid，二十二碳六烯酸。

懷孕和哺乳期可以染髮嗎？

常常有人問，懷孕或者哺乳期間能不能染髮？

對於染髮的顧慮有兩點，一是對於染髮者本人，二是對於孩子。雖然問上面那個問題的是為了孩子，但也要考慮到本人，因為皮之不存，毛將焉附？

對染髮的顧慮主要是擔心染髮劑這種化學物品。

染髮劑分為 3 種，染完後洗一兩次就掉的臨時性染髮劑、洗 5 ～ 10 次才掉的半永久性染髮劑，和直到新頭髮長出來後才失效的永久性染髮劑。對染髮劑的安全研究主要集中在後兩種，尤其是永久性染髮劑。

安全不安全看什麼？重點看會不會致癌。研究分兩個方面：一是在實驗動物身上進行實驗，二是人群的流行病學調查。

動物實驗顯示大劑量含芳香胺（aromatic amine）的染髮劑會引起腫瘤，但無法套用在人體上，因為沒有人會長期口服染髮劑。動物實驗發現，染髮劑會透過皮膚進入血液，但這種途徑是否會致癌尚未得出結論，最關鍵的是 1980 年以後，這些芳香胺成分已經被廠商去除掉了。

流行病學調查發現，在工作中接觸染髮劑的人群，其膀胱癌的發生率稍高，但在經常染髮的人群中並沒有發現相同的現象。2007 年的一項分析發現一種非何杰金氏淋巴瘤與染髮劑有關，存在於 1980 年以前就開始染髮的人之中。1980 年以後開

第三章　孕期的日常生活

始染髮的則表現為濾泡性淋巴瘤（follicular lymphoma, FL）發生率增加，這些女性使用的是深色染髮劑，裡面含有更多的芳香胺。沒有發現染髮劑和乳癌、腦部腫瘤的相關性。

　　根據這些證據，世界衛生組織（World Health Organization, WHO）認為，在工作場所中接觸染髮劑者（如理髮店的工作人員），染髮劑對他們來說是可能的致癌物；而對於染髮的人來說，由於研究不足、缺乏證據，無法定義為致癌物。美國國家毒物學學會（Society of Toxicology, SOT）不認為染髮劑對人有致癌效果，但染髮劑中所含的 4 - 氯鄰苯二胺則有可能形成癌症。美國癌症協會（American Cancer Society, ACS）認為，迄今為止大多數研究都沒有發現強而有力的證據，需要進一步研究予以確定。

　　除了癌症之外，在實驗動物上發現非常高劑量的染髮劑會導致出生缺陷，但沒有人體使用的證據。為保險起見，國外建議懷孕期間最多染 3 ～ 4 次頭髮，孕婦在工作中接觸染髮劑時要戴手套，且保持環境通風，每週工作時間不要超過 35 小時。

　　另外為了保險起見，孕婦要等到懷孕 12 週後再染髮，這樣能把染髮劑對胎兒的風險降到很低，其實根據現有研究，染髮對胎兒是安全的，只是現有研究還很有限，不能妄下定論。如果還要再保險一點，除了戴手套、最多染 3 ～ 4 次外，不要用深色的染色劑、在通風的地方染髮、盡可能縮短時間、染的時候要做頭皮隔離或者選擇挑染和暫時性染髮劑。

孩子生下來後，在哺乳期間，染髮劑是否會進入母乳？目前這方面的研究同樣很有限，但根據現有的了解，染髮劑是不會進入母乳中的，因此對胎兒不會有影響。最大的問題是孩子很可能不喜歡聞母親染髮劑的味道，這會導致孩子哭鬧。

此外，無論是孕婦還是哺乳期女性，不要相信天然植物染髮劑最安全的說法，這類說法並沒有證據。

所以，無論在懷孕期間還是哺乳期間，都可以染髮，但要注意次數別太多。

總之，對美的追求不能放棄，也要考慮現實的處境。

孕婦應該怎麼運動？

懷孕期間保持運動習慣，可以確保孕婦身體健康、感覺良好，有助於消除懷孕所引起的不適（如背痛和疲倦），可以預防妊娠糖尿病、緩解壓力，為順產做好準備。有運動習慣的孕婦罹患妊娠糖尿病的風險會降低 50%，罹患子癇前症的風險降低 40%。

近年來的一篇綜述和整合分析再次證實孕婦運動對母親和胎兒都有好處，不但不會增加早產的風險，還能降低妊娠糖尿病、高血壓的風險，順產的比例增高。

但是，運動對孕婦及胎兒可能存在的風險是很多人所擔心的，有些已經得到證實，比如在第三孕程進行高強度運動的孕

第三章　孕期的日常生活

婦，有可能生下體重過輕的嬰兒，身體狀況不佳的孕婦運動則有可能生下巨嬰（macrosomia）。

　　此外還有一些未經證實的風險，因為產婦熱療（thermal therapy）與胎兒神經管缺陷有關聯，以此類推，運動導致的孕婦體溫升高也有致畸的可能，儘管這種推理沒有證據支持，而且孕婦的循環血量增大、易出汗、體型增大等基本上足以減弱運動引起的體溫升高，但人們對於運動影響胎兒的擔心依然存在。

　　運動會導致胎兒缺氧的說法是擔心之一，運動期間子宮循環血量的確減少，但運動的孕婦和不運動的孕婦相比，心臟輸出量多 40％，循環血量多 20％，而且運動時子宮胎盤組織氧氣供應很可能是增加的。倘若存在明顯的胎兒缺氧，應該會導致胎兒促紅血球生成素（erythropoietin, EPO）水準升高，但這種情況並沒有發生，孕期運動也沒有導致流產或者早產。

　　對於懷孕前就有運動習慣的孕婦，懷孕後可以繼續原有的運動，但在強度上要適中，不要達到懷孕前的強度。對於懷孕前不運動的孕婦，懷孕後最好的運動是散步，在頻率上達到每天 30 分鐘。

　　但是，患有氣喘、心臟病、糖尿病的孕婦就不要運動了。有出血、低位胎盤（low-lying placenta）、流產或者習慣性流產（recurrent pregnancy loss）、早產史、子宮頸閉鎖不全等情況者也不要運動。

　　游泳、快走、室內腳踏車等對於孕婦是安全的，適當的慢跑也可以考慮。那些需要屏住呼吸的、可能摔倒的、身體會發生碰撞的、會導致腹部受傷害的運動都不要參與，也不要進行高強度運動後未配合緩解運動，不要在高溫、潮溼的環境中運動。

　　如果出現下列情況就要停止運動：胸痛、腹痛、骨盆腔痛、持續宮縮、頭痛、胎動減少、頭暈目眩、寒顫、陰道出血、心跳加速或者心律不整、小腿疼痛、行走困難、肌肉無力以及手、臉和膝蓋腫脹等。

　　孕婦在室外運動還要考慮空氣品質的因素，盡量減少空氣汙染的影響，比如選擇空氣品質佳的時候外出運動。

　　懷孕，既要運動，也要注意母嬰安全。

孕期能不能愛美？

　　愛美是人類的天性，也是人類的權利，包括孕婦。懷孕之後，護膚化妝都不必停，只不過要為腹中孩子的安全多考慮。

　　我們從頭說起吧！

頭髮

　　懷孕之後染髮、燙髮都可以，但要注意次數，不要染燙得太頻繁。染髮劑是會被皮膚吸收的，雖然不足以影響胎兒，但也應適度。如果要謹慎一點，在第一孕程（也就是懷孕的前 3 個月）

第三章　孕期的日常生活

不要染髮；還有一點，不要用含氨的染髮劑，因為可能導致噁心。

還有一個問題是噴髮膠，很多髮膠含有鄰苯二甲酸二乙酯（diethyl phthalate, DEP），雖然沒有人體實驗證明 DEP 會致畸，但在動物實驗上發現會影響雄性的性發育，因此還是有必要謹慎一點。

嘴

口紅的問題是含鉛，鉛可使顏色維持得更長久，2007 年的一項檢測發現，61%的口紅含鉛，但是美國 FDA 並沒有採取行動，因為口紅本身不會被吸收，所以口紅裡的鉛不會導致鉛中毒。

為了安全起見，選擇不含鉛的口紅。

美白牙齒產品的主要成分是過氧化物，對於成人是安全的，但是還沒有對胎兒的安全性資料，因此就不要用了，用美白牙膏是 OK 的。

臉

肉毒桿菌毒素（botulinum toxin, BTX）對胎兒的安全性資料還不足，因此不要用。

很多防皺除皺霜裡面含有維 A 酸，治療痘痘的產品中有不少也含有維 A 酸，有研究發現口服維 A 酸會導致出生缺陷，對於抹在皮膚上的維 A 酸對胎兒的影響目前還沒有證據，但出於謹慎的目的，應該避免含有維 A 酸的護膚品。

羥基酸（hydroxy acid）中最常見的是水楊酸（salicylic acid），很多皮膚用品都有這個成分，大劑量口服會導致出生缺陷和懷孕併發症，而小量塗抹在皮膚上是安全的，但是用於臉部和磨皮時則要慎重。

常用的羥基酸還有乙醇酸（glycolic acid）、乳酸（lactate），這些東西的用量不要太大。

指甲

指甲油中值得考慮的是鄰苯二甲酸二乙酯，前面提到過，是安全的，但使用的時候還是要謹慎，要在通風的環境中塗抹，它乾了後就不會對胎兒產生影響了，因為指甲不會吸收。盡量使用不含鄰苯二甲酸二乙酯的指甲油。

皮膚

防晒是必須的，有一項研究認為，用氧苯酮（oxybenzone）為有效成分的防晒乳會導致出生體重低，但結論不可信。

為了保險起見，可以選擇以氧化鋅或者二氧化鈦為有效成分的物理防晒乳，相比於化學防晒霜，這種防晒乳不會被吸收。

另外，在盛夏季節，上午 10 點到下午 2 點之間盡量不要外出，在戶外戴帽子、用長袖衣服遮住皮膚，這樣可以減少防晒乳的使用。

第三章 孕期的日常生活

養寵物會使孕婦流產嗎？

目前臺灣人養寵物的比例越來越高，因此出現了一個新情況。華人本來就對懷孕極其敏感，便有了養寵物會直接導致孕婦流產的說法。

這種說法早就存在，在沒什麼人養貓、幾乎沒有人養狗的年代，我就聽過動物方面的專家提到這個可能。在當年這種謹慎是可行的，至多把家裡的貓送人，但現在要求孕婦家中不得有寵物就很難做到，歐美家庭養寵物（尤其是貓狗）的情形非常普遍，更需要有確鑿的依據，從科學證據上來看養寵物是否會直接導致流產。

談這個問題有兩個前提：一是不僅要考慮流產，還要考慮是否對胎兒有影響，是否會出現出生缺陷等問題；二是各種寵物的情況不一樣，不能籠統地談「寵物」，而是要按照「動物」來談，一個一個地分析。

- **狗**。如果有依規定接種疫苗的話，養狗不會導致流產或者影響胎兒。值得注意的是要去獸醫那裡檢查一下有沒有寄生蟲，如果有的話，就盡量不要讓狗靠近孕婦。不過也不必太過擔心，雖然狗身上的寄生蟲有可能感染人，但目前還沒有導致流產和影響胎兒的證據。
- 養狗會不會直接導致孕婦流產？如果養的是大型犬，而且

經常和狗玩耍的話，是有可能的，不是因為疾病，而是因為大型犬力氣大且動作猛烈，容易使孕婦受傷。

· **貓**。從傳染病的角度來看，和狗相比，貓要髒得多。其中，貓身上最值得重視的傳染病是弓形蟲感染症。弓形蟲感染症是寄生蟲病的一種，感染很普遍，預估全球範圍內有三分之一到半數的人身上有弓形蟲寄生，但絕大多數人無症狀，最多出現類似流感的症狀；但如果是免疫功能低下者或者孕婦，就會出現嚴重的症狀，引起腦炎和神經系統疾病，還有可能影響心臟、肝臟、內耳（inner ear）、眼睛，偶爾會出現死亡的情況。

· 弓形蟲感染症對於胎兒的影響，取決於孕婦之前是否感染過。如果孕婦在懷孕前就已經感染弓形蟲了，不會有什麼問題；如果孕婦從來沒有感染過弓形蟲，一旦在懷孕期間感染弓形蟲，哪怕孕婦沒有任何症狀，都有 30% 的機率會影響胎兒。其結果和感染時間有關，如果在懷孕頭 3 個月內感染弓形蟲，可能導致流產或死產，存活的胎兒也會出現早產、出生體重低、肝脾腫大、癲癇、黃疸、嚴重眼部感染和神經系統症狀等嚴重問題；如果在懷孕中後期感染，胎兒的症狀就輕多了，多數孩子直到 10 歲以後才出現症狀。

· 弓形蟲存在於貓的糞便中，貓主人打掃時接觸了貓的糞便，或者物品被貓屎汙染了，而後又沒有洗手，吃進去後

就會被感染。

嬰兒弓形蟲感染症較罕見，發生率為 0.1%～1%，患兒出現嚴重症狀的比例為 5%～6%，總體上不高。另外，貓不是唯一途徑，甚至不是主要途徑，大多數人是因為誤食了沒有煮熟的肉或者沒有經過消毒的乳製品而感染上的，因此吃肉一定要煮熟，不要吃未消毒的乳製品。如果要生吃水果蔬菜則一定要洗乾淨，處理生肉時要戴手套。

為避免貓傳播弓形蟲，可以到獸醫院檢查一下，如果貓有急性感染，就應該讓親友照顧。如果沒有感染，在懷孕期間就不要讓貓吃生肉，也盡量不要讓貓出門。孕婦也不要清理貓屎，不要種花種菜，因為土壤中也會有弓形蟲，也不要接觸其他貓。

· **鳥**。鳥身上也有弓形蟲，還有沙門氏菌、空腸彎曲桿菌（*Campylobacter jejuni*）等危險程度很高的細菌，以及來自鸚鵡的披衣菌感染。這些細菌存在於鳥的排泄物中，會導致嚴重的嘔吐和腹瀉，增加流產和早產的風險。養鳥者可以到獸醫那裡檢查一下有沒有這些細菌感染，孕婦不要清理鳥籠，但一定要保持鳥籠的清潔，也就是說家人要經常協助清理鳥籠。

· **爬蟲類**。如果養烏龜、蜥蜴、蛇、青蛙等，有可能從牠們那裡接觸到沙門氏菌，沙門氏菌存在於動物的糞便中。因此，懷孕後不要再養爬蟲類寵物，若能夠送人或者由別人

代為飼養最好，如果做不到的話就要特別注意，不要讓牠們在家裡到處跑，尤其不要在廚房的桌面上到處爬，籠子也要保持清潔，接觸牠們之後要好好洗手。

- **齧齒動物** (rodent)。養天竺鼠、大鼠、小鼠當寵物，或者用老鼠餵養蜥蜴的話，這些動物有可能將淋巴球性脈絡叢腦膜炎病毒 (lymphocytic choriomeningitis virus, LCMV) 傳給孕婦，嚴重的會導致胎兒死亡。如果家裡有這類寵物的，孕婦要避免接觸。

- **寵物食物**。除了寵物本身，寵物食物也是孕婦值得注意的一點，國外已經有發生過因為含沙門氏菌而下架狗食等寵物食物的例子。孕婦最好不要餵食寵物，接觸寵物食物後要認真洗手。

說到這裡，可以總結一下，養寵物通常不會直接導致孕婦流產或胎兒出現問題，孕婦家有寵物的大可放寬心，但也無法保證絕對安全，要根據所養寵物的種類、具體情況作分析。懷孕期間不要增加新的寵物，以降低母體和胎兒出現問題的風險。

孕婦能不能用香水？

　　2008 年 8 月底，一篇關於懷孕與香水的報導引起全球轟動，媒體冠以「孕婦使用香水與不孕或腫瘤有關」和「科學家緊急呼籲孕婦不要用香水」等頗為醒目的標題競相報導，颳起了一陣孕婦不能用香水的風暴。

　　這個反香水風暴是媒體的一時狂歡，之後很快便無聲無息，但所造成的影響是無法消除的。

　　十幾年過去了，懷孕時不能用香水的說法還是很有市場，因此值得回顧一下，從 10 年前的報導開始，看看經過一段時間的考驗，究竟有沒有香水影響孕婦與胎兒的確鑿證據。

　　2008 年的消息確實來自科學家，而且是很有背景的科學家。這位科學家是英國愛丁堡大學的 Richard Sharpe 教授，他是生殖方面的專家。Sharpe 教授發現某些化學物質會損害男性胎兒的生殖系統，具體發生在懷孕 8 ～ 12 週，這時候男性的生殖系統開始發育，如果受到損害，一些雄性激素（如睪固酮）水準受到影響，成年後就會出現隱睪症（cryptorchidism）、精子數量低和增加罹患睪丸癌的風險。這些化學物質包括化妝品裡的成分。

　　「化妝品」被媒體誇大成了「香水」，「生殖系統可能出現問題」被說成「不孕」，「可能增加罹癌風險」變成了「會罹癌」，

再加上「科學家緊急呼籲」，就成了一篇有轟動效果的新聞了。

Sharpe 教授確實說了不要用香水，但不是緊急呼籲，他的原話是：「孕婦應該停止使用護膚霜和香水，儘管我們沒有導致損害的決定性證據，但有些成分是有問題的，例如一些化合物的聯合效果。」

他的研究成果不是來自人體，而是來自小鼠模型。他的小鼠模型不是模擬人噴香水抹化妝品，而是用化學物質阻斷了小鼠的激素分泌，以此觀察到小鼠出生後有生殖缺陷等問題。Sharpe 的試驗並非新的東西，化學物質對雄性激素的影響早就被證實了，但這需要很高的濃度，Sharpe 自己也承認，只有在很高濃度的情況下才有影響。

文藝復興時期的醫生帕拉塞爾蘇斯（Paracelsus）留下一句名言：「The dose makes the poison.」（劑量決定毒性），成為毒理學的首要原則，後來這句話被演繹成「拋開劑量談毒性就是耍流氓」。當然劑量決定毒性的原則只考慮短期＋高劑量的急性毒性。大量證據顯示長期＋低劑量的慢性毒性非常可怕，特別是空氣汙染、藥物等。因此毒性除了劑量之外，還要考慮時間和次數等因素。另外，化學物質的毒性不是 1 ＋ 1 ＝ 2，而是 1 ＋ 1 ＝ N，多種化學物的聯合毒性很可能比單一毒性相加起來高出許多倍，Sharpe 的論點正是基於此。但是，有這種可能性並不代表它確實存在，Sharpe 不僅沒有任何來自人體的證據，

第三章　孕期的日常生活

而且連模擬人體實際情況的動物模型都沒有，他的論點只能算推論，而且是站不住腳的推論。

　　除了 Sharpe 的研究外，並沒有其他關於香水影響孕婦及胎兒的科學證據。Sharpe 的論點不僅沒有決定性證據，而且無法算在香水甚至化妝品頭上。他是從化學物質的角度，比如芳香族物質（aromatic compounds）。這些化學物質不僅存在於香水及其他化妝品中，也出現在洗髮精和各種日用生活品中，孕婦不用香水、不塗抹化妝品，也會接觸到這些化學物質，除非離群索居，脫離現代文明社會，那樣的話是有可能徹底避免 Sharpe 所說的風險，但自己和胎兒無法享受現代化的醫療照顧，很可能出現嚴重的後果。

　　近年來，Sharpe 專注於男性低睪固酮水準的研究，認為這與母親在懷孕期間接觸的化學物質有關，但他已經不再提香水或化妝品，而是建議孕婦不要喝豆漿、不要吃豆製品、不要喝塑膠瓶裝的水、不要接觸感熱紙等。這些建議和他多年前的建議一樣，是沒有確鑿證據的推論，只是有點疑問而已，並不講究科學。他的這種轉變足以說明，孕婦不能用香水是沒有科學證據的，連他這個始作俑者都不好意思再提了。

　　工業文明的帶來的後果之一是化學物質存在於我們日常生活的每一個角落，數不清的化學物質從各種途徑進入我們身體，雖然絕大部分都被身體排泄出去，但它們對身體的影響，

特別是長期的影響還不是很清楚。這方面的研究還非常有限，也很難進行詳細研究。現階段無法保證香水和其他化妝品對胎兒百分之百安全，但也沒有對胎兒不安全的證據。

長期以來，人們對香水和其他化妝品是否對胎兒有害存有疑慮，加上 Sharpe 造成的影響，相關專家建議用有機和天然化妝品。但有機和天然並不能保證一定比合成的安全，影響雄性激素的化妝品所含成分就包括天然成分，這個建議不可靠。

另外還有一個建議，如果實在不放心，在懷孕前 3 個月不要用香水和其他化妝品。

為了孩子素面朝天，是偉大的母愛的展現。但在競爭激烈的現代社會，女性所承受的壓力大於男性，特別是當她們懷孕之後，身體的變化、對腹中胎兒和未來的擔憂使得孕婦的情緒變化很大也很不穩定，而化妝可以增強女人的自信。愛美是人類的天性，孕婦也有愛美的權利，她們當然也能夠保持美麗。

根據現有的科學研究結果來看，完全沒有必要為了那些不著邊際的可能性而犧牲對美的追求，孕婦們是可以用香水和其他化妝品的。

孕婦怎麼睡？

　　有得就有失，女性懷孕之後會出現諸多不適，尤其是睡眠。隨著肚子裡的孩子一天比一天大，孕婦的睡眠品質就越來越不好。為此曾經進行過一項調查，發現超過 3/4 的女性在懷孕期間的睡眠品質比不懷孕時差。

　　睡覺的姿勢是否會影響肚子裡的孩子？孕婦應該怎麼睡，才能對母親和孩子都有利？傳說中的最佳孕婦睡眠位置即左側睡到底對不對？

　　人們睡覺有 3 種姿勢：仰睡、趴睡和側睡。

　　肚子大起來之後，趴著睡幾乎不可能。

　　仰睡是可以的，但會感到呼吸困難，此外還會感到背痛，出現消化道問題、痔瘡、低血壓等。這是因為仰睡時整個腹部的重量都壓在小腸和主要血管上。這種位置會導致返回心臟和供給胎兒的血流減少，對母親和胎兒都不利。

　　側睡又分左側睡和右側睡。左側睡最好的理由是這樣會增加流向胎盤的血流，所以對孩子最好，此外，體重對肝臟的壓力也最輕。

　　那麼左側睡是孕婦的最佳睡姿嗎？

　　2011 年被媒體廣泛報導的一項研究得出懷孕後期仰睡和右側睡會增加死產風險的結論，似乎替左側睡是最佳位置的理論背了書。

這項研究比較了 155 位胎兒死亡的案例和 310 位胎兒正常出生的案例，發現仰睡和右側睡組死產比例為 0.393%，左側睡組死產比例為 0.193%，差異明顯。

但是這項研究有很大的局限性，除了試驗規模太小、採樣來自先進國家，死產率很低等因素外，還有幾個嚴重的缺陷。首先，很多案例的睡眠位置很難確認；其次，有死產經歷的女性的回憶未必可信，因為她們可能是在試圖找出原因；第三，在試驗設計上也有問題，死產組過了 25 天才問睡眠位置，對照組則次日就問，因此死產組有很大程度的誤差。

這項研究還發現，那些半夜不會起床上廁所或者僅起床一次的孕婦的死產風險是起床很多次的孕婦的 2.42 倍，腹中孩子亂動是影響母親睡眠、導致頻繁起床上廁所的原因，從另一個角度說明睡眠位置和死產的關聯並不成立。很多孕婦半夜常常醒來，並不能保證會一個姿勢睡到天亮。

不要說孕婦了，正常人比如虎老師自己，一個晚上不知道換過幾次姿勢。要是有人問我睡覺姿勢，我還得想想到底是問入睡時的姿勢還是醒來時的姿勢，換來換去的到底算哪一側呀？

對於孕婦來說，最好是側睡並且左側睡，但也不必每天晚上沒完沒了地糾正自己睡覺的姿勢，那樣的話反而會導致睡眠不足。

最重要的是要睡好，而不是睡姿，因為孕婦最缺乏的就是睡眠。

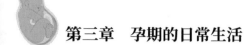

懷孕初期失眠

　　2018 年的一項對 486 名孕婦的調查發現，在第一孕程存在失眠現象的孕婦比例高達 44.2％。之所以這麼高，是因為現代社會很多人都有睡眠問題，她們懷孕之後這些問題可能會嚴重到失眠的程度。

　　第一孕程肚子裡的孩子很小，失眠主要是因為黃體酮的水準升高，導致白天哈欠連連想睡覺，這樣一來晚上就睡不著了。除此之外，還有一些因素使得失眠情況更加嚴重。懷孕之後經常感到餓，影響睡眠，有些人愛吃辣的食物，導致消化問題，尤其是臨睡前吃，就會影響睡眠。孕吐、懷孕引起的焦慮和憂鬱也影響睡眠，懷孕導致生理上的不適、頻尿、不寧腿症候群（restless legs syndrome, RLS）等都會加重失眠。懷孕還會引起呼吸變化，可能出現呼吸困難、呼吸障礙和打鼾，也會影響睡眠。

　　面對這種情況，該怎麼解決？

　　首先，要從良好的睡眠習慣入手，這一點要從備孕開始，應該從飲食習慣和生活習慣全方位地改變，生活習慣中就包括了睡眠習慣。

　　當今社會有很多事情在剝奪著人們的睡眠，工作、網路、社交、學習等，導致大多數年輕人和中年人睡眠不足或者睡眠

習慣不好，如果再加上懷孕這件大事，睡眠就成為難以承受之輕了。

不管是否懷孕，都應該糾正並養成良好的睡眠習慣，做到只在床上睡覺、每天定時入睡和起床、保持臥室黑暗和溫度偏低、確保床榻舒適、不要在床上滑手機和看電視、睡前數小時不要攝取咖啡因、睡前數小時少喝水，此外可以在睡前做按摩、泡熱水澡。

有一些號稱幫助睡眠的補充劑，孕婦和備孕的人都不要吃，尤其是那些號稱純天然的補充劑。

可以做一些讓人放鬆的事情，冥想是一個選擇，瑜伽則要看自己的情況，以免受傷或者對身體產生影響。

如果失眠症狀嚴重，可以進行認知行為治療（cognitive behavioral therapy, CBT），這種治療可以幫助患者正確地理解失眠，進而從精神上減少失眠。

運動是另外一個解決的辦法，懷孕之後本來就應該運動，以便讓身體適應懷孕的負擔，減少懷孕併發症的風險，同時也有助於緩解失眠，但要在睡前 4 ～ 6 小時進行，而且要確保運動的強度處於適當的水準。

懷孕初期失眠並不算異常情況，透過改變生活習慣和相應的治療，失眠會得到一定程度的改善。

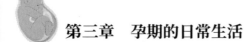

孕婦之夢

懷孕後容易多夢，為什麼呢？

原因之一：不是因為夢變多了，而是因為記下夢境的次數變多了

我們其實都會做夢，約20%～25%的睡眠時間在做夢。那些認為自己不做夢的人是因為他們的夢沒有被打斷。如果一夜不醒，最多記住最後一個夢。懷孕了，睡眠習慣改變了，晚上醒來的次數變多了，因此在做夢途中醒來的次數就多，記下的夢也多，才有了懷孕後多夢的感覺。

原因之二：夢的性質改變了，更生動了

快速動眼期（rapid eye movement, REM）是睡眠中大腦最活躍的時間，做的夢也最生動。這段時間通常會睡得比較熟，不易被打斷，可是懷孕後醒來的次數多，連快速動眼期也會醒，就覺得夢變得生動起來。另外，夢是我們釋放壓力、適應新生活的辦法之一，懷孕後壓力增加，身體發生巨大的變化，導致孕婦更容易做生動的夢。

原因之三：胎兒所致

懷孕後性激素改變，會導致孕婦做春夢的比例增加。這是因為肚子裡的胎兒會動，讓孕婦感受到宮縮，所產生的催產素

（oxytocin）引起性衝動甚至高潮，並進入夢境。這種宮縮是胎兒的動導致，並非春夢會導致宮縮，因此春夢對胎兒是沒有危險的。

實際上，懷孕之後，孕婦身體變化對她們精神的影響、她們的擔憂和希望都會在夢境中反映出來。

第一孕程，孕婦的夢往往與水及生育能力有關，比如生育能力的象徵，諸如花園、水果、鮮花，還有水和游泳。特別是剛剛懷孕時，常常夢到水。比如胎兒漂浮在水中或者魚在水中，還有孕婦游泳。

第二孕程，夢境就更加和胎兒及母親的身體變化有關，比如象徵著胎兒的小動物，還有孕婦身體的變化。

第三孕程，夢境更為清晰，比如孩子會在夢裡告訴媽媽他們的名字，或者夢到孩子的性別，尤其當不知道胎兒性別的情況下，夢境是如此的真實，使得孕婦醒來後搞不清楚到底是夢還是真實發生的場景。

這段時間還會夢到旅行或者準備旅行，常常夢到旅行沒有做好準備或者發生意外，代表孕婦潛意識中擔憂生產的情況。

最嚇人的是孕婦常常夢見生孩子時出了意外，但是這恰恰是好事，一項研究發現，事先做生孩子的噩夢的孕婦，到了真正生產時反而很順利，可能是因為事先演練過最壞的情況，到時候順心如意。

第三章　孕期的日常生活

　　懷孕時的噩夢主要是因為懷孕導致的焦慮引起的，不必擔心。孕婦的夢還有很多很生動的好夢，比如生日聚會、慶祝節日等。既然懷孕多夢，就多享受這些好夢，不必擔心胎兒。大部分流產是胎兒本身有問題所致，這是身體在發揮清除不正常受孕的功能。

第四章　生得下

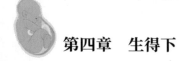

第四章　生得下

早產

早產是指妊娠滿 28 週至不足 37 週間分娩者。按 40 週足月算，在懷孕第 37 週之前出生的就算早產。

早產使得胎兒在母體內發育的時間短，因此早產兒尤其是出生過早的，經常有併發症。

早產的數據

全球每年早產兒達 1,500 萬，占生產總數的 5%～ 18%，早產是造成嬰兒死亡的最常見的原因，但在 1990 ～ 2010 年間，很多國家早產率呈現上升趨勢，比如美國上升到 12%～ 13%。

早產中，自發早產占 40%～ 45%，過早破水占 25%～ 30%，剩下的 30%～ 35%是醫生出於各種原因提前引產。

早產在國外又細分為以下 4 期。

· 晚期早產：懷孕第 34 ～ 36 週出生，占 60%～ 70%;
· 中期早產：懷孕第 32 ～ 34 週出生，約占 20%;
· 早期早產：懷孕第 32 週以前出生，約占 15%;
· 極早早產：懷孕第 25 週以前出生，約占 5%。

目前，就存活率來說，懷孕第 23 週以前出生的存活率幾乎為 0，懷孕第 23 週出生的存活率為 15%，懷孕第 24 週出生的存活率為 55%，懷孕第 25 週出生的存活率為 80%，這些嬰兒長大後有長期健康問題的比例很高。對懷孕第 22 ～ 25 週出生

的早產兒的大規模研究發現：在 6 歲時，罹患中度到重度身心障礙的占 46%，包括腦性麻痺（cerebral palsy, CP）、視力或聽力障礙。34% 有輕度身心障礙，健康者只有 20%。

　　早產兒存活率和所在國家的情況有很大關係，已開發國家早產兒的總存活率約為 90%，貧窮國家則只有 10%，兩者差距極大。國家發達的象徵之一在於降低新生兒的死亡率，並且提高早產兒的存活率。

　　從經濟的角度來看，早產兒對於醫療系統是一個很大的負擔，美國每年有 55 萬名早產兒，直接支出 260 億美元，加上間接支出則超過 500 億美元，這種昂貴的支出可能是貧窮國家早產兒存活率低的原因之一。

　　但是，早產並不等於一定有生理或心理上的問題，有些名人就是早產兒，包括牛頓、愛因斯坦、邱吉爾。

風險因素

　　除去因為各種因素過早引產之外，早產的確切原因到目前還是不清楚，有 50% 的早產原因是無法確定的，任何孕婦都可能會早產，但黑人孕婦早產比例更高，英美的黑人孕婦早產率是其他種族的一倍，其次是菲律賓裔孕婦，使得菲律賓成為早產比例前十名中唯一的非非洲國家，這種種族的差別原因不明。

　　目前可以做的是了解容易導致早產的風險因素，確定哪些孕婦具有這些風險因素，然後加強監測，力求延遲早產。

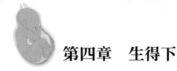

這些風險因素有：

- 之前發生過早產
- 懷雙胞胎或多胞胎
- 產後不到 6 個月又懷孕
- 試管嬰兒
- 子宮、子宮頸或胎盤有問題
- 懷孕期間抽菸、酗酒或吸毒
- 懷孕之前或懷孕期間營養不良
- 懷孕期間體重增加不足、體重過輕或者超重
- 羊水或者下生殖道感染
- 罹患高血壓、糖尿病、腎病或肝病等慢性疾病
- 在懷孕期間遭遇壓力很大的情況（如親人去世或家庭暴力）
- 多次流產或墮胎
- 未婚懷孕
- 受傷
- 孕婦年齡在 17 歲以下或者 35 歲以上

2017 年美國加州大學舊金山分校對將近 300 萬名孕婦進行了篩選，挑出 2,265 名存在睡眠障礙者，用具有上述風險因素的孕婦做對照，以排除上述風險因素的影響，結果發現睡眠障礙會將中期早產的風險提高一倍。

對於如何預測早產，有的研究認為定期做子宮頸超音波有效果，因為可以及早發現子宮頸過短的問題；有的研究認為胎兒纖維黏連蛋白（fetal fibronectin, fFN）水準可以預測早產。2017年的一項研究對這兩種辦法的準確性進行了分析，發現兩種辦法只能預測出很少一部分的早產。

在16～22週時做超音波，只有8%的早產孕婦子宮頸過短；在22～31週做超音波，也只有25%的早產孕婦子宮頸過短。

在16～22週時檢測胎兒纖維黏連蛋白水準，只有7%的早產孕婦該指標水準高；在22～30週時檢測，只有7%的早產孕婦該指標水準高。

因此這兩種辦法無法用於預測早產，目前對於早產的預測並沒有準確的辦法，故只能透過減少風險因素來預防。

預防

因為早產的原因不明，100%預防早產是不可能的，但是可以透過一些措施減少早產的風險。

介入

從介入的角度來看有以下兩個辦法。

· **黃體素**：對於有早產史、子宮頸過短或者兩者都有的孕婦，可以服用黃體素，黃體素能夠將這些孕婦早產的風險降低

第四章　生得下

40%～55%。

- **子宮頸環紮（cervical cerclage）**：對於有早產史、子宮頸過短或者兩者都有的孕婦，如果懷的是單胞胎，就可以做這種手術，為子宮提高更多的支持，在生產之前去掉縫線，同時在懷孕期間避免劇烈運動。

懷孕之前

早產與從事何種職業無關，但和超時工作、長時間站立、夜班有關，如果經常加班、從事的工作每天站立 6 小時以上、上夜班的話，在備孕期間要考慮調整工作。

如果有抽菸習慣，在懷孕之前就要徹底戒掉，有酗酒或吸毒習慣也要戒掉。

吃葉酸可以預防出生缺陷，要從懷孕前一直吃下去，這樣也許能降低早產的風險。

在懷孕之前就要養成良好的飲食習慣，多吃富含蛋白質的食物、水果蔬菜和全穀，少吃高脂肪、高糖和加工食品。

懷孕期間

懷孕期間不僅不能抽菸喝酒，而且要遠離二手菸和避免三手菸。

各種的營養補充劑中，目前有證據支持的是鈣劑。鈣劑有助於降低缺鈣女性的早產、子癇前症和產婦死亡風險，如果飲食中鈣含量不足，就應該補鈣。

定期檢查是必要的，但這並不能減少早產的風險。

從孕婦的角度來看，確保營養充足、避免壓力、避免感染、得到完善的醫療服務、避免長時間站立、避免吸入一氧化碳等措施，都有可能降低早產的風險。

如果已經存在著早產的風險，就要盡量避免。有氣喘、糖尿病、高血壓者要加以控制。

鬼門關

美國東部的春天姍姍來遲，4 月初依然是冬季的氣溫。在一個陰冷的週末，我喝著一杯熱騰騰的咖啡，讀到一篇陰森森的文獻。

這是一篇病例報告，所不同的是，患者已經去世 1,300 多年了。

2010 年，在義大利伊莫拉（Imola）的一場考古挖掘中，挖掘出一具死於西元 7 ～ 8 世紀的女性屍體（圖 14）。

這位女性約於 25 ～ 35 歲時去世，在屍體的骨盆和下肢之間，還發現了一具胎兒的屍體，這是罕見的「棺材出生」現象（圖 15）。

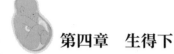

圖 14　古屍

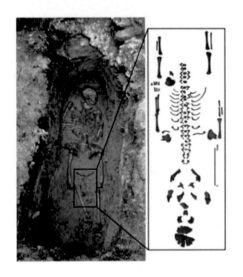

圖 15　古屍墓穴

「棺材出生」（postmortem delivery，死後分娩）說的是孕婦去世後，胎兒才生下來。嚴格說來，不是生下來，而是孕婦死後胎兒被擠壓出體外。因為死亡之後組織細胞分解，腹部

氣體堆積，對子宮產生巨大壓力而將胎兒擠到體外。這種情況在中世紀以前時有出現。

　　為什麼會出現這種情況？是因為在過去的年代裡，懷孕及生產過程中常常出現意外和併發症，難產、產褥熱（puerperal fever）是其中主要的兩種。一旦發生意外和併發症，孕婦的死亡風險很高，數不清的年輕女性就因為傳宗接代這個天生的義務和責任而去世，長眠在伊莫拉那個墓地裡的就是這樣一位不幸的女性。與此同時，胎兒和新生兒的死亡風險也很高。

　　進入近代之後，這種情況已經很少發生了。因為現代醫學的出現和進步，極大地降低了孕婦因為懷孕併發症和難產而死亡的機率。從某種意義上來說，現代醫學的出現解決了曾經讓孕婦們談之色變的產褥熱。因為當時人們不知道細菌感染，也沒有消毒概念，所以一旦出現細菌感染，往往引起大面積流行。例如：西元1772年西歐產褥熱大流行中，20%的產婦死亡；1773年在蘇格蘭愛丁堡皇家療養院，幾乎所有的產婦都得了產褥熱，而且無一倖存。

　　現代微生物學的出現建立了細菌感染的概念，消毒成為醫學常規，加上抗菌藥物的出現，使得今天的產婦不用擔心產褥熱。

　　對於其他懷孕和生產過程中的併發症和問題，絕大多數情況都能夠很好地被控制和解決。這一切幾乎可說是現代醫學的功勞。

第四章　生得下

　　這次考古還有一個很有意思的發現，這具女屍的頭骨上有個洞，研究人員認為這是古代的開顱術，用於治療頭痛和高血壓相關的問題。

　　這位孕婦死亡的時候，胎兒已經 38 週了，快臨產了，發生了什麼事？

　　研究人員認為她患了子癇前症。

　　目前全球產婦死亡案例中的 10%～ 20%是因為子癇前症，孕婦出現子癇前症的比例為 3%～ 4%，唯一的辦法是盡快把孩子生出來，或者中止妊娠。

　　如今遇到這種情況，盡快做剖腹產一般會母子平安的。但是在 1,300 多年前，沒有剖腹產，當時的醫生只好採取開顱術這種罕見的手法，希望能夠管用，起碼讓孩子能生下來。

　　可想而知，這位古代的孕婦遭受了多大的痛苦，最終還是一屍兩命。

　　對於我們來說，這是醫學的黑暗時代。考古學和這項醫學研究還原出的場景，讓我們由衷地慶幸生活在今天，這種情況不會一遍又一遍地重演了。

　　子癇前症的問題又提醒我們，醫學還有待發展，醫學必須前進，還有很多臨床上的問題沒有解決，我們和我們後代的健康和安全還沒有得到更好的保障，而要做到這一點，只能靠現代醫學。

因為現代醫學已經展現出它毋庸置疑的龐大優勢、不斷前進的大趨勢和自我修正的完善功能；因為享受更優質和更先進的醫療服務是人們的基本需求；因為安全孕育後代、撫養教育後代並從中享受樂趣是女性的基本權利。

只有現代醫學能夠對此做出保障，別無選擇。

剖腹產

2018 年 10 月 12 日著名醫學雜誌《刺胳針》（*The Lancet*）發表了 3 篇關於剖腹產的報告，全球剖腹產率從 1990 年的 6%上升到 21%，在東南歐、拉丁美洲和中國，剖腹產的比例已經超過了自然生產，最高的像巴西的私人診所，剖腹產比例達到80% ～ 90%。

剖腹產自古就有，在各地的傳說和醫學記載中都出現剖腹產，原因是難產，難產的主要原因是人類演化上的不同步：為了演化優勢而出現的腦部變大，但女性的生殖器官並沒有相應地演化，這也是演化「偷跑」所付出的代價。

如果出現難產卻不做任何處理，結局就是大人和孩子都沒有命了，在這種情況下，剖腹取出胎兒是唯一的選擇。在古代，剖腹之後產婦基本上都死了，但也有極少數例外。即便到了 1865年，在英國和愛爾蘭，剖腹產的產婦死亡率依然高達 85%。除了難產還有產褥熱，使得生孩子對於女性來說簡直是道鬼門關。

第四章　生得下

女性避孕運動的起源之一就是因為生孩子的巨大風險。

　　從西元 1881 年開始，各種新的發明和技術不斷地降低剖腹產的死亡率，包括橫切、子宮縫合、腹膜外剖腹產和低位橫切、無菌操作、麻醉、輸血、抗生素使用等。時至今日，已開發國家剖腹產的死亡風險已下降到 13/100,000，但仍然是自然產的數倍，後者的死亡風險為 3.5/100,000。總之，如果接受現代化醫學服務，無論是哪種形式，死亡的風險都極低，現代科學早已解決了生孩子是道鬼門關的千古難題，這是現代醫學的偉大成就之一。

　　但是從一個極端走到了另一個極端，現在剖腹產比例如此之高，很多並非必要，而是選擇。由於剖腹產成為一種很成熟的手術，許多孕婦及其家人希望選擇剖腹產，以避免生產過程中所受的痛苦和孩子可能冒的風險。

　　然而和自然生產相比，剖腹產其實對母親和孩子都不利。上面提到了，剖腹產的死亡風險比自然生產高，還會出現一些手術的併發症，恢復的時間長，如果生下一胎的話會受到一定的影響。

　　當然，頭胎剖腹產，下一胎也是有可能自然生產的，除非因為健康和本身的原因無法自然生產。

　　剖腹產對孩子也不好，是因為會增加孩子罹患肥胖症和自身免疫性疾病等的風險，如果在懷孕 39 週前剖腹產，會增加發

生呼吸道問題的風險。

　　具體到剖腹產的比例多少合適，WHO 公布在 15%以下，有的研究則認為在 19%以下，但無論哪個數字，臺灣（109 年剖腹產率為 37.2%）、美國、西歐和拉丁美洲國家等都遠遠超過了，只有非洲一些地區因為醫療水準的限制，剖腹產的比例只有 5%。

　　具體到產婦及其家庭來說，剖腹產率和他們是無關的，他們所關心的是大人孩子是否有問題，因此解決的關鍵在於教育和理解。雖然剖腹產的死亡率比自然產高，但總體來說是很低的，這一點無法說服人，不過剖腹產對於產婦和孩子的不利影響是存在的，如果能讓產婦和家人明白這一點，加上推廣硬脊膜外麻醉（epidural anesthesia）以實現減痛分娩（painless labor），是有可能降低剖腹產率的。

　　還有一點是醫護人員如果更耐心一點，能夠消除產婦及其家屬的焦慮，也會減少很多剖腹產數量，更會減少很多醫患糾紛。

　　說到這裡，想起一位醫生，青黴素的發現者亞歷山大·弗萊明（Alexander Fleming）的同門師弟雷納德·科爾布魯克（Leonard Colebrook）。科爾布魯克一度打算去非洲或者亞洲當醫學傳教士，成為醫生後，他依舊具備獻身精神，不在乎薪資多寡、工作時間很長，把患者當成人看待，而不是當作實驗對象對待。

第四章　生得下

在抗生素尚未出現的年代，產婦死亡率很高，聖瑪麗醫院（St Mary's Hospital）很多產婦會緊張，遇到這種情況，科爾布魯克都會來到她們的床邊，握住她們的手，聆聽她們的訴說，安慰她們，有時候一整晚待在病房裡。他並不是最優秀的醫生，但他是一位最受歡迎和信任的醫生。

臺灣最需要的就是這樣的醫生。

保護新生寶寶不被感染

國外曾有新生兒因為被人親吻導致感染單純疱疹病毒而去世的新聞，當時引起了大家的熱議，我們現在來談談怎樣才能保護新生寶寶不被感染。

我們生活的環境中充滿著致病微生物，那些病毒和細菌無處不在，所以每個人都面臨著被致病微生物感染的風險，我們免疫系統的主要作用之一就是預防和抵抗感染。此外還有一些微生物是正常寄生在我們身體內外的，如果免疫功能出狀況，它們可能會因為得不到控制而過度繁殖，從正常存在變成有害存在了。

正因為與免疫功能密切相關，免疫功能下降的老年人和免疫系統還沒有發育成熟的兒童就成為微生物感染的主要危險族群。

人類的免疫系統要在出生後才會發育成熟，特別是新生兒，剛出生 2～3 個月內免疫系統是不成熟的，這段時間嬰兒對微生物感染的抵抗力很差。

保護新生寶寶不被感染

新生兒的免疫保護主要依靠出生前母親透過胎盤送過來的免疫抗體，這些抗體在孩子出生後幾週依然有效，其次靠母乳餵養來增強免疫力。儘管如此，新生兒的抵抗力還是很弱，很容易被微生物感染，一旦感染也很容易出現嚴重的併發症，因感染而導致死亡是新生兒和嬰幼兒的主要死因。

保護孩子是父母和每一個成人的責任和義務，需要從孩子出生前就開始。

首先是疫苗接種。

由於母親在孩子出生前會為孩子輸送抗體，所以母親本身要具備免疫力，該接種的疫苗不能少。一是流感疫苗，二是懷孕後期接種的 Tdap 疫苗。

美國的兒科醫生會在孩子出生前對家長提出建議：所有照顧和接觸寶寶的人都要接種流感疫苗，不要讓沒有接種流感疫苗的人接觸孩子。這包括父母、祖父母、保姆、家裡的親戚和任何來探望的人，這一點很難做到。

其次是控制接觸。

家裡添丁後，會來很多親友，他們會接觸孩子，這樣就增加了許多被感染的風險。

在這件事上，有上中下三策。

下策是不讓有傳染病症狀的人到家裡來，包括自己的父母、兄弟姐妹。如果有發燒、咳嗽、喉嚨痛、流鼻涕、嘴上起

第四章　生得下

疱等症狀，或者正在生病的人，就不要讓他們登門。之所以是下策，這是因為很多傳染病有潛伏期，很多傳染病病癒後依然有傳染性，很多微生物感染是感染者沒有症狀但是有傳染性的。

中策是限制訪客，不熟悉的人不要登門，沒有接種過流感疫苗的人不要登門。之所以是中策，是因為即便只有少數的親友接觸寶寶，依然有傳染的風險。

上策是在孩子滿 3 個月甚至 6 個月之前，謝絕訪客。這是父母的權利，沒有什麼不對的。

此外，少帶孩子出去，特別是公共場所，尤其是新生兒，除了去檢查之外，不要外出，尤其是不要因為父母的應酬而外出，在孩子小的時候，父母必須犧牲自己的社交而宅在家裡。

滿月、百日大擺宴席不是不可以，但不要抱孩子出去讓那麼多人接觸，否則對孩子來說是一次生死考驗。

第三是注意衛生。

在接觸新生兒和嬰兒之前要洗手，每次都要洗手，不能怕麻煩，如果因為某些原因無法做到每次洗手，就要戴一次性手套。

不要親吻孩子，特別是不能親吻孩子的嘴唇、鼻子、眼睛，祖父母、父母均不例外。以單純疱疹病毒為首的很多對孩子有致命風險的病毒就是透過親吻傳染給寶寶的，防不勝防。

如果家裡有大一點的孩子就更要注意，大一點的孩子因為上幼兒園或者去補習班的關係，染病的機率很高，如果不注

意，很容易傳染給寶寶。要在家中建立適當的隔離措施，教育大一點的孩子少接觸幼兒並勤洗手，家中有人患病的時候要和寶寶保持距離。

在外面不許其他人觸摸和抱自己的孩子，這是最基本的原則和底線。

剖腹產會不會影響再次懷孕？

前面提過，臺灣 109 年剖腹產率為 37.2%，遠遠超過世界衛生組織剖腹產率的警戒線 15%。

造成高剖腹產率的原因，為了身材、擔心性愛等還是其次，最主要的是孕婦及其家人要保險，醫院醫生也求平安，於是許多人選擇剖腹。有些人會問：剖腹產後是否影響再次懷孕？

2004 年發表在《英國醫學期刊》（*British Medical Journal, BMJ*）的一項蘇格蘭的小型研究發現，20% 的頭胎剖腹產母親再度懷孕有困難，頭胎非剖腹產的母親則只有 5% 的人再度懷孕有困難。雖然有差別，但大部分頭胎剖腹產者再度懷孕是沒有問題的，還有一個問題是頭胎剖腹產後，有再次懷孕意向的要少於頭胎順產的，也就是說，有可能是因為不願意懷孕，而不是懷不了孕。

2013 年發表在《人類生殖》（*Human Reproduction*）上的一項英國的大型研究推翻了上述研究，分析了 2000 ～ 2012 年間

第四章　生得下

100 多萬名產婦，發現頭胎剖腹產與頭胎順產相比，之後的生育率並沒有明顯差別。

因此，根據現有的研究，頭胎剖腹產並不會影響懷孕。

頭胎剖腹產，第二胎不一定也要剖腹產，是可以採取順產的方式的。但是，根據澳洲的一項研究，頭胎剖腹產、第二胎還是剖腹產者，與頭胎剖腹產、第二胎順產者相比，胎兒死亡和嚴重併發症的發生率，前者為 0.9%，後者為 2.4%；產婦嚴重出血發生率，前者為 0.8%，後者為 2.3%。

這項研究說明頭胎剖腹產、二胎依然剖腹產的話，對於產婦和孩子會更安全一點，但因為兩者都很安全，所以能提高的安全係數並不高。如果二胎也決定剖腹產，兩胎之間的間隔就要更久一點。

還會有什麼問題？比如常說的疤痕子宮（scarred uterus）？

所謂的疤痕子宮，是指子宮因為做過手術（包括剖腹產）留下疤痕組織。疤痕子宮會稍稍增加併發症的機率。

比如子宮破裂（uterine rupture），頭胎剖腹產、第二胎還是剖腹產者子宮破裂的發生率為 0.2%；第二胎順產者，子宮破裂發生率為 0.5%。豎切疤痕的子宮破裂發生率高，為 4%～9%。如果已經剖腹產過兩胎，第三胎的子宮破裂發生率就上升到 3.7%。

此外還增加子宮外孕和前置胎盤等風險。

上述這些風險都是極小的機率，超過99％的頭胎剖腹產女性的術後恢復良好，手術疤痕癒合得很好，所以頭胎剖腹產並不是決定是否生二胎的因素。

那麼什麼是決定生二胎的因素？

在這種事情上不要跟別人比，更沒必要追求兒女雙全，真正要考量的是能不能提供給孩子一個溫馨的成長環境、能不能讓孩子幸福地長大成人。

順產的嬰兒是否更聰明？

剖腹產是現代醫學的一項進步，使得許多難產的孕婦得以母子平安。在過去十幾年間，全球範圍內，剖腹產的比例越來越高。中國的剖腹產率高達46％，為世界第一；其他國家剖腹產率也高於實際所需水準，英國公立醫院的剖腹產率約為25％，私人診所則高達60％。

順產是自然的分娩方式，順產的嬰兒比剖腹產的嬰兒有很多優勢，剖腹產的嬰兒日後會有一些健康上的問題。

丹麥一項對34,000名兒童的調查發現，剖腹產的嬰兒罹患呼吸道感染的風險是順產嬰兒的4倍。

另外一項研究發現，剖腹產的嬰兒罹患肥胖症的風險是順產嬰兒的2倍。還有一項研究發現，頭胎剖腹產的孕婦再生二胎時更容易發生前置胎盤。

第四章 生得下

那麼除了健康上的問題之外，兩種分娩方式在孩子智力上有區別嗎？

之前的一些研究發現，剖腹產的嬰兒比順產的嬰兒更為聰明（難得地為剖腹產背書），但近年來的研究否定了這個結論。

2010 年伊朗科學家的一項研究比較了 6～7 歲的兒童，證實了之前的研究結果，即剖腹產嬰兒的智力測驗分數較高，但也發現和父母的教育程度有關，因為剖腹產嬰兒的父母的教育程度普遍偏高，因此在成長過程中，兒童接受的教育條件較好，特別是早期教育，才使得這些兒童的智力測驗分數高。在去除父母教育程度、母親歲數等因素後，順產嬰兒與剖腹產嬰兒之間在智力測驗上並沒有顯著區別。

這項研究說明了一個問題，教育程度高的人更傾向於選擇剖腹產，這是過度醫療（overuse）的表現。

2012 年美國科學家的一項研究，在小鼠模型上研究海馬迴（hippocampal region），發現順產的小鼠和剖腹產的小鼠相比，一種叫解偶聯蛋白 2（uncoupling protein 2, UCP2）的特殊蛋白水準高。這種蛋白可以促進短期和長期記憶，有助於成年後的智力發展。這種蛋白還能提高新生兒母乳餵養的機率，這就解釋了為什麼在順產的小鼠中水準高的原因。

這項研究雖然只是在動物試驗中得到的結果，但從機制上為順產的嬰兒更聰明提供了證據。但也正因為是動物試驗的結果，在人類中是否會出現同樣的情況還有待證實。此外，UCP2

蛋白水準高，並不代表一定更聰明。因為人的聰明才智受後天的影響很大，家庭條件、父母的言行身教、受到的教育水準、求學環境的競爭性等，都可能影響兒童的智力發展。

順產的嬰兒是否更聰明？到目前為止，還不能下結論，有待進一步研究，但起碼可以說順產的嬰兒不笨，不存在智力問題，根據有限的研究，可能在智力發展上比剖腹產的嬰兒具備一定的優勢。在此基礎上，加上剖腹產有可能出現的一些健康上的問題，足以提醒醫生和產婦們：能夠順產的話，還是要爭取順產，剖腹產要在確實無法順產的情況下才實施。

酸兒辣女是規律嗎？

酸兒辣女是民間流傳很久的說法，認為如果孕婦喜歡吃酸的東西，懷的是兒子；如果喜歡吃辣的食物，懷的是女兒。

之所以有這樣的說法，是因為懷孕之後，由於荷爾蒙和代謝的變化，孕婦對某些食物的欲望增強，也許突然愛吃某種菜系，也許偏愛甜的、酸的、辣的食物或者肉類。荷爾蒙變化會改變人的味覺和嗅覺，營養缺乏會使人產生對某些食物甚至非食物產生很奇怪的渴望，此外還有懷孕期間的心理變化，這些因素都導致孕婦的飲食習慣發生改變。這種改變在旁人眼中，似乎和胎兒性別有關，加上一些個別的例子，於是就有了酸兒辣女的說法。

第四章　生得下

　　酸兒辣女是一種毫無科學根據的說法，很容易推翻，因為有些地區的飲食以酸為主，更多地區的飲食以辣為主，如果真的是酸兒辣女的話，上述這些地區的人口性別比例會嚴重失調，比如中國四川就應該是女兒國了，山西則應該是男人世界。實際情況並不是這麼回事，各個地區的男女比例大致平衡，所以說酸兒辣女是被人牽強附會出來的。

　　孕婦對食物的偏好與胎兒性別的關係，不是華人獨創。華人有酸兒辣女之說，外國人也有類似的說法。

　　流傳比較廣的是如果孕婦愛吃甜的，整天吃巧克力和糖果，或者愛吃乳製品尤其是牛奶，那樣的話懷的是女兒；如果孕婦愛吃酸的、鹹的、辣的或者高蛋白食物，懷的就是男孩。這種說法同樣沒有證據。孕期天天吃巧克力也不能保證生下女兒，倒是很可能把自己吃成一個大胖子。

　　另外一種說法是如果孕婦喜歡含檸檬，就是男孩。還有一種說法是如果孕婦變得無肉不歡，懷的就是兒子。不管是含檸檬還是愛吃肉，只要在孕期曾經愛好過，即便後來不喜歡或者不吃了，孕婦就會生兒子。可見希望生兒子是一種很普遍的願望。但是，和上述的所有說法一樣，還是沒有證據。懷上了就懷上了，懷不上的依舊懷不上，因為胎兒的性別和孕婦對食物的喜好或者渴望沒有必然關係，至少科學上沒有發現任何相關性。

　　如果想知道胎兒的性別，可以等到懷孕 20 週之後去照照超

音波。時代不同了，是男是女並不是最重要的事，最重要的是確保母親懷孕期間的健康和安全，生下健康的寶寶。

胎兒越重越健康嗎？

國外一位產婦生下 6.45kg 巨大嬰兒，又一次引發了出生體重和健康關係的話題。

在醫學不發達的年代，人們希望生下來的嬰兒越重越好，因為存活機率高，但是也觀察到胎兒過大容易難產的現象。此外一些直觀的觀察認為不同種族之間存在差異，比如黃種人的孩子又小又輕、白種人的孩子又大又重等。

幾年前，世界衛生組織進行了一項全球調查，發現不同種族的健康母親生下的嬰兒在身長上沒有區別，平均 49.5±1.9cm。近年的一項研究證實了這個結論。這項新研究對巴西、中國、印度、義大利、肯亞、阿曼、英國、美國這 8 個國家的 6 萬多名健康母親的胎兒身長進行測量，出生後再測一次，發現決定身長的並非種族和地區，而是食物、醫療照顧和生活水準，無論哪個地區、哪個種族，如果孕婦吃原型食物、接受現代化醫療照顧，那麼無論是子宮裡的胎兒身長還是生下來的孩子身長，其結果都無太大差異。

那麼體重怎麼樣？美國對 1958 ～ 1966 年 17,347 名白人和黑人孕婦的胎兒進行測量，發現白人男嬰比黑人男嬰平均重

第四章　生得下

140g，白人女嬰比黑人女嬰重 110g。

　　這些研究中用來測量子宮裡胎兒身長的是超音波，除了測量身長外，還可以測量體重。除了產科超音波檢查外，還有觸覺評估、臨床危險因素評估、產婦自我評價等幾種方法。這些方法中，最常用的還是產科超音波檢查。由於產科超音波檢查的應用，估計出生體重的準確性大大提高。

　　超音波對胎兒所做的體重檢測也只能是估計。下面有幾種計算方法都基於 4 個指標：胎兒雙頂徑（biparietal diameter, BPD，即胎兒頭部左右兩側之間最寬部位的長度）、頭圍、股骨長和腹圍。各種方法計算出來的值和實際體重會有一定出入，最多可能達到 ±16%，有些孩子的實際體重和預估的差別較大。

　　估算新生兒體重是讓婦產科醫生判斷能否順產的參考指標之一。決定新生兒體重的因素很多，比如遺傳、母親的健康情況、懷孕期間患病、環境因素（如接觸二手菸）、經濟因素、其他因素（如多胞胎）等。體重異常有兩種情況，出生體重過低和出生體重過高。

　　出生時體重低於 2,500g 就判定為出生體重過低，孩子可能身型太小，也有可能早產，或者兩者都是。有很多原因都可能造成出生體重過低，抽菸、飲酒、空氣汙染是幾個主要因素，也是臺灣人值得重視的危險因素。和體重正常的新生兒相比，出生體重過低的新生兒罹患健康問題的風險更大，其中有些嬰兒在出生後 6 天內容易生病或者被感染，此外還會增加嬰兒猝

死症候群（sudden infant death syndrome, SIDS）的風險。其他嬰兒則會在成長中出現運動、社交和學習方面的問題。

新生兒體重過低有上升的趨勢，美國的資料顯示體重過低新生兒占比約為 7.6%。除了上面說的因素之外，還與這幾年流行的減肥風潮有關，孕婦懷孕期間攝取的營養不足或者刻意減肥，都有可能導致出生體重過低。因此除了不要抽菸飲酒、遠離二手菸、盡可能避免環境汙染之外，還要吃原型食物和保持適當的體重，以預防出生體重過低。

既然出生體重過低會引起短期和長期的健康問題，是不是越重越好？尤其現在可以選擇剖腹產，不用再擔心體重過大導致難產。

出生體重大於 4,000g 就判斷為出生體重過高，有些專家甚至認為亞洲人 3,500g 以上就算出生體重過高。在美國，出生體重過高的比例和出生體重過低的比例差不多。胎兒體重過高除了影響胎兒本身健康之外，還會影響母親的健康，增加母親罹患慢性疾病的風險。

由於嬰兒過大，孕婦要呼吸更多空氣，這會導致心肌肥大，甚至出現腦部損傷。這些過重胎兒往往會導致母親罹患妊娠糖尿病，這樣一來胎兒相當於在一個高糖的環境中發育，出生之後，高糖的生活環境不見了，這些嬰兒會罹患低血糖，出生之後需要特別護理，甚至出現黃疸，日後更容易罹患肥胖症、糖尿病和代謝症候群。

第四章　生得下

　　由於人類肥胖和超重的比例越來越高，一些孕婦屬於這個範疇，她們生出的嬰兒很有可能體重超重，對於這類孕婦，則要控制懷孕期間的體重增加。

　　從演化的角度來看，胎兒的體重應該適中才健康，既不能過低，也不能過高，這樣既不容易難產，又能夠確保健康。過低似乎與演化無關，主要是營養不良、飲食習慣、不良嗜好、環境等因素造成的，這些是很容易改善的；而過高則可能與演化有關，科學家在動物實驗中發現，過度的營養會導致胎兒基因過度活化，器官功能、胰島素和其他激素的形成都發生變化。從人類演化的角度考慮，這種情況造成一種不利於胎兒存活的環境，似乎是一種自發的中止妊娠的功能。

　　如果胎兒體重過低，大家會勸說孕婦補充營養；相反，如果胎兒體重過高，很多孕婦及其家屬非但不認為是不好的，甚至還會沾沾自喜，使得預防出生體重過高更加困難。

　　預防出生體重過高需要孕婦控制飲食和保持運動習慣，而在控制飲食方面，人們常說孕婦是一人吃兩人補，並沒有意識到這只是一種抽象的比喻，這只是說孕婦需要比懷孕以前攝取更多的營養成分，但絕對不是多吃一倍的量。

　　那麼應該多吃多少？按照哈佛醫學院歐肯（Emily Oken）醫生的說法，對於大多數孕婦來說，她們的攝取量只需要多增加 10％。按照這個比例，大部分孕婦都攝取過多，如果再按

照保胎的傳統說法很少運動的話，就很有可能導致胎兒體重過高，影響孕婦和孩子的健康。

選擇胎兒性別

現在很多家庭只生一胎，因為固有的重男輕女的思想，引發了選擇性生育的需求。即便生兩胎，這個需求依然旺盛，因為生兩胎的都希望自己兒女雙全。我們有辦法控制精子的染色體嗎？（圖16）

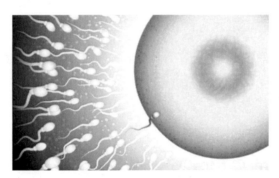

圖16　精卵結合

生兒生女有各式各樣的神招祕方，當年有位朋友就給了我一份祕方，吃什麼、什麼時候做愛、男的如何準備、女的如何準備等，信誓旦旦地說有效，因為他家想要女兒，按照這個辦法就生了個女兒。其實這些東西都是運氣而已，恰巧碰上了自然就覺得有效。

第四章　生得下

　　另外一種辦法是懷上之後檢測，滿意的就繼續懷著，不滿意就墮胎，然後再懷。基因診斷的熱潮有很大成分是受選擇胎兒性別所驅使，但這種辦法太殘忍。

　　有人問試管嬰兒能不能選擇胎兒性別？

　　能！

　　這個能不是日本出的林卡爾鈣片和綠膠那些所謂增加生男孩機率之類的東西，那些純屬騙錢。

　　辦法有兩種：人工授精和試管嬰兒。

　　人工授精（intrauterine insemination, IUI）是根據染色體活動能力的區別，先將 X 精子和 Y 精子分開，然後根據想要的性別只將其中之一注射進子宮（圖 17）。區分的辦法無法保證百分百成功，想要男孩的成功率為 70%～ 72%，想要女孩的成功率為 69%～ 75%。

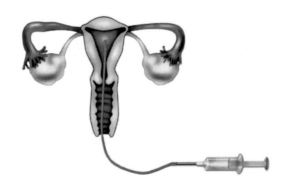

圖 17　人工授精

類似的辦法有幾種，成功率會稍稍高一點。

試管嬰兒（in vitro fertilization, IVF）是先吃藥刺激排出多個卵子，取出來後在體外受精，等受精卵長到 6 ～ 8 個細胞大小時，從中取出一個細胞，因為受精卵的細胞是成對的，取出一個不影響發育。這個被取出的細胞可供性別診斷，所用的技術叫做胚胎植入前遺傳診斷（PGD）。如果性別和所要求的吻合了，就將這個受精卵植入子宮（圖 18）。和 IUI 相比，IVF/PGD 要準確多了，幾乎是 100%，能不能一次成功先不說，起碼不會懷上不是自己想要的性別的胎兒。

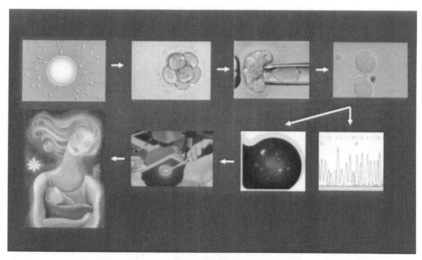

圖 18　試管嬰兒

選擇胎兒性別在很多國家是非法的，但若是出於避免遺傳學疾病的目的，在美國是合法的，有些遺傳病只傳男或只傳

女，透過選擇胎兒性別可以避免有問題的父母生下有遺傳病的孩子。

現有辦法中，IVF/PGD 的準確率很高，在 97%～99%，但不一定一次成功，因為受精卵很可能都不是想要的性別，需要多做幾次。除了準確率高之外，還可以將剩下的受精卵冷凍起來，將來想要孩子時再使用，冷凍受精卵和新鮮受精卵的成功率相似，但費用要低多了，因為不用取出卵子和做 PGD。

IVF/PGD 的最大問題是費用，IVF 的價格在 12,000 美元（約新臺幣 35 萬元）左右，PGD 的價格在 5,000～8,000 美元（約新臺幣 15～24 萬元），加起來做一次要 20,000 美元（約新臺幣 60 萬元），不僅取出卵子是個痛苦的過程，所服用的排卵藥還有副作用。IVF 的雙胞胎和多胞胎的比例為 46%，如果加上 PGD 的話，雙胞胎和多胞胎的比例會低很多。

另外就是孕婦的年齡，如果年齡超過 35 歲的話，成功率在 46%。PGD 會提高成功，因為可以排除不正常的受精卵，但這樣試管嬰兒的選擇性別成功率就變低了。

還有一個問題是透過這些方法生出來的孩子會不會有問題，這得等幾十年後才有答案。

最後說一句：現如今，生男生女真的沒什麼區別。

第五章　產後

第五章　產後

產婦要不要坐月子？

　　坐月子並沒有理論基礎，它只不過是歷史流傳下來的，是現代醫學出現之前，整體社會處於營養不良的年代，為了讓產婦得以恢復的一種習俗。

　　而這種習俗中有許多陋習，比如不能吹風、不能洗澡，以包緊為主，這導致一些產婦死於血栓和產褥熱。

　　提倡坐月子的人們有一大理由 —— 月子病，包羅萬象，年輕時沒生病的話，中年會生病；中年還沒生病的話，老年肯定會生病的。這就有了老一輩人的口頭禪：等妳老了就知道了。於是那些心甘情願、半推半就或者被迫坐月子的產婦們，咬著牙忍上非人生活的這一個月。

　　所謂的月子病指的就是慢性疾病。有些慢性疾病與遺傳有很大的關聯，因為是基因在發揮作用，所以基本上無法預防，坐不坐月子沒有區別；有些慢性疾病則跟環境和生活習慣有關，在某種程度上是可以預防的。

　　根據民俗，坐月子不是因人而異，而是以不下床、不洗澡、包緊為主，加上各地各家不同的禁忌，也就是說按照月子派的理論，起碼坐月子這件事在女性面前人人平等。這樣一來就很容易驗證，既然人人平等，就毋須研究個案，而是看群體的效果。

　　群體的效果不難觀察，臺灣有很多人坐月子，也有一些人不坐月子，比較一種或幾種慢性病，看看坐過月子的與沒有坐

過月子的女性，在發生率或症狀上有沒有明顯的差異；或者比較臺灣已育女性和壓根就不知道什麼叫坐月子的外國已育女性。有這樣規模的流行病學調查嗎？沒有。

坐月子到底有沒有益處？這方面的相關研究有一些，只是在大眾中影響甚微。其中兩項非常有意義，是北京大學公共衛生學院婦女與兒童青少年衛生學系做的。

第一項：中國農村地區產後護理期間禁忌行為及相關因素研究，這是一項涉及 105 個縣 21,036 名女性的調查。民間都說坐月子可以避免或減少日後罹患疾病的風險，看看這項研究的相關結論。

隨著月子裡禁忌行為的增加，患病風險也不斷增加。各種禁忌行為並沒有減少產後 2 年內患病的風險。也就是說，坐月子不僅不會減少日後患病的風險，反而會增加。

第二項：農村女性產後護理期間禁忌行為與慢性疼痛的關係。

老人常說，不坐月子以後會腰痛、腿痛，看看研究的結果。

這些研究問卷調查了 1,813 名產後 5 ～ 11 年的女性。

結果：絕大多數女性遵守了產後護理期間的 28 種禁忌行為；女性中慢性疼痛盛行率為 55.8％。多元邏輯斯迴歸分析（multiple logistic regression analysis）顯示，產後護理期間傳統禁忌行為與其慢性疼痛之間無相關性。

第五章　產後

結論：女性產後護理期間的傳統行為並不會降低其在產後 5～11 年罹患慢性疼痛的風險。

上述兩項研究是否可以證明民間說法並無理論依據？

根據許多項大型流行病學調查和臨床試驗的結果，慢性病與生活習慣不健康有很大關係，因此吃原型食物、經常運動、生活有規律等可以在一定程度上預防慢性病，坐月子的種種陋習都是不健康的生活習慣，更重要的是，迷信坐了月子之後老了就不得病，會使人在本應該從年輕時就培養的健康飲食習慣和生活習慣方面無所作為，反而導致老了更易得慢性病。

還有一種說法認為，生了孩子，產婦損失過多，必須靠坐月子補回來。從演化上講，動物生存繁殖的方式有兩種：一是低等動物的以量取勝，一次生一堆，只要有極少數活著的，就能夠繁衍下去；二是高等動物的以品質取勝，一次生得少，但存活率有保障。人類是高等動物，為了確保存活率，胎兒要在母親子宮內生存 9 個月，而不是早早地被自然界淘汰。這種方式對母親的生活品質要求很高，母體並不會不顧一切地把營養全部給予胎兒，否則如果母親死了，胎兒營養再充足也活不成。所謂孕期營養損失過多、需要靠坐月子補充也是無稽之談。

妊娠紋

妊娠紋是懷孕期間因為體重快速增加而出現的皮膚生理性變化，出現部位主要在腹部、胸部、臀部和大腿，表現為線性變化，在懷孕期間是紅紫色，生育後漸漸變色、萎縮。這是懷孕期間的生理變化而非病變，沒有什麼值得擔心的。

生育之後妊娠紋往往留了下來，讓愛美的女人們非常頭痛，因此就出現了預防和消除妊娠紋的需求。

值得多說一句的是，類似的皮膚生理性變化不僅僅是懷孕才會出現，肥胖、減肥、荷爾蒙補充療法（hormone replacement therapy, HRT）、青春期等也會出現這種皮膚紋。

妊娠紋的發生率似乎有種族因素，美國有 50%～ 90%的孕婦會出現妊娠紋，也就是說出現妊娠紋的占大多數甚至絕大多數。日本的一項研究發現，出現妊娠紋的比例為 39.1%，懷單胞胎者為 27.7%，懷雙胞胎和多胞胎者為 51.8%。同一項研究還發現，是否有妊娠紋並不影響女性的皮膚狀況與生活品質，也就是說不必太在意。

妊娠紋往往在第三孕程出現，但也有很多孕婦在懷孕 24 週之前出現妊娠紋。年輕孕婦、胎兒大、超重和肥胖的孕婦容易出現妊娠紋，如果家族中其他人有過妊娠紋，那麼孕婦出現妊娠紋的機率就比較高。很多頭胎出現妊娠紋的人在生二胎時沒有妊娠紋。

第五章　產後

　　自古以來就有預防妊娠紋的辦法，這些辦法近年來在天然、自然之風的催動下被挖掘出來。例如古希臘和古羅馬用橄欖油預防妊娠紋，非洲人用乳香預防妊娠紋等，這些辦法雖有歷史可循，但並無可信的療效。

　　市面上有各種聲稱可預防妊娠紋的外用藥膏和油，根據現有的研究，沒有發現這些東西預防妊娠紋的可信證據，甚至當中某些成分的安全性還無法確定，比如有些藥膏所含的積雪草（*Centella*），其安全性值得懷疑。有一項研究發現，用含有積雪草和其他幾種成分的藥膏加上按摩，可減少妊娠紋的出現。但一是安全性，二是很可能是按摩的效果，三是這類研究的品質不高，所以盡量不要使用這類東西，以免對胎兒產生影響。

　　那麼應該如何預防？

　　有建議採用健康飲食和運動的方法，這兩種方法無法直接預防妊娠紋，而是透過控制體重來輔助，因此，預防妊娠紋唯一有效的方法是懷孕期間維持健康的體重，但這種方法也只能預防一部分妊娠紋的發生。用托腹帶來預防妊娠紋則沒有證據。

　　倘若長出妊娠紋也不必著急，生完孩子後妊娠紋會慢慢變淡的，雖然大多數人不會徹底消失，但至少不那麼明顯。

　　治療的辦法有幾種，其效果都有限，無法徹底消除妊娠紋。

　　維 A 酸外用藥膏對於新妊娠紋的治療效果不錯，可以使之看起來不那麼顯眼。維 A 酸可以幫助膠原蛋白重建，使得皮膚看起來更加正常。這種辦法對紫色和紅色的妊娠紋效果好，對

灰色和白色妊娠紋則沒有效果。維 A 酸有可能導致出生缺陷，在使用期間要採取避孕措施，最好同時採取兩種避孕方法。

光療和雷射療法可以刺激膠原蛋白重建和恢復皮膚的彈性，對於消除妊娠紋有一定的效果。

磨皮和換膚可以把表層皮膚去掉，這樣新長出來的皮膚會更有彈性。

妊娠紋是毋須治療的，但如果願意花錢，也不要拖太久才去治療。不過也不必過分擔心，因為大部分會自動消失。有效的方法不外乎上面幾種，餘下的就不必花冤枉錢了。

產後掉髮

生孩子是女人一生中的大事，孩子終於平安地生下來了，過了幾個月也算熬得差不多了……啊呀，頭髮怎麼越來越少了？

不是所有的產婦都會經歷掉髮，但起碼超過半數有這樣的經歷，通常在產後 3 個月時被注意到，本來帶孩子就已經夠辛苦了，頭髮還變少，這日子可怎麼過呀？

人類頭髮的生長週期分為 3 期：生長期，頭髮每月增加 1.3cm 左右，持續 2 ～ 8 年；衰退期，頭髮停止生長，但不會脫落，持續 2 ～ 4 週；休眠期，毛囊處於休眠狀態 1 ～ 4 個月，然後頭髮脫落。如果毛囊健康的話，新的生長週期重新開始。

# 第五章　產後

從各期的持續時間能夠看出端倪來，生長期的時間遠遠長於其他兩期，這樣就能夠做到輪流小批量地掉頭髮，如果各期持續時間一樣的話，就會出現陰陽頭或者鬼剃頭（alopecia areata，圓禿）的情況。正因此這樣，一般情況下85%～90%的頭髮處於生長期，10%～15%的頭髮處於休眠期，1%的頭髮處於衰退期，我們能發現自己掉頭髮，但是由於一頭黑髮仍在，看不出來變化來。

而懷孕後雌激素水準增高，使得頭髮脫落減少了，等生完孩子，雌激素水準恢復正常，之前那些被延遲脫落的頭髮加上現在應該脫落的頭髮就一起掉了下來，甚至更進一步地使得60%的頭髮都進入休眠期，好在處於休眠期的頭髮不會一塊脫落，有1個月後脫落的，也有4個月後脫落的，到生完3個月的時候，產婦便能夠注意到掉髮了。

產後掉髮只是暫時的現象，等孩子6個月到1歲大的時候，頭髮的生長週期徹底復原了，90%的頭髮處於生長期，就沒有大量掉髮的感覺了。

對於產後掉髮，談不上預防和治療，大致上就隨它去吧！吃原型食物、孕期維他命直至產後3個月或許有所幫助。還有就是定期檢查是否缺鐵，如果缺的話就加以補充。

最後，掉髮不一定全是產後引起的，如果孩子滿週歲了母親還有掉髮情形，就值得去讓醫生檢查一下，看看是不是有其他原因。

產後憂鬱

產後憂鬱（postpartum depression, PPD）是近幾年非常重視的產後問題。

很多產婦在生完孩子之後都會出現情緒低落，其症狀包括睡眠不足、忽喜忽悲、易哭、焦慮、悲傷、易怒、絕望、注意力無法集中等，一是因為荷爾蒙的變化，二是因為要照顧新生兒，加上親朋好友探望，如果再有母乳不足、丈夫是豬隊友、家人之間的矛盾等，產婦的壓力就會更大。情緒低落可能在產後數日內出現，持續 2 週。其中大部分人會在產後 3 個月內罹患產後憂鬱。

產後憂鬱的發生比例不低，占產婦的 15%。產後憂鬱會嚴重到想自殺的程度，必須重視。如果產婦發現自己情緒低落超過 2 週、有生無可戀的感覺，不是生活欺騙了你，而是有可能出現產後憂鬱了。如果周圍的人發現產婦有憂鬱症的傾向，也要加以重視，尋求專業人員的幫助。

預防產後憂鬱，首先要為產婦提供各種幫助，讓產婦能睡好。比如虎老師，自從孩子生下來，每天晚上都由虎老師負責照顧，讓孩子她媽能好好睡，所以是虎老師腰痛不是孩子她媽腰痛。其次，讓產婦吃原型食物，適當運動。第三是不要飲酒，也不要喝咖啡、茶。酒釀食品並不能增加產婦奶水量，對

第五章　產後

嬰兒也有影響，還會增加產後憂鬱的風險。很多人愛喝咖啡，生完孩子後還是等一等再喝。服藥也要小心。

治療產後憂鬱須靠心理諮商和抗憂鬱藥物，最好雙管齊下。有些抗憂鬱藥物是不會影響母乳餵養的。除此之外，確保睡眠充足、健康的飲食習慣、適當運動、家人的幫助與鼓勵等，都能讓產婦漸漸地從憂鬱中走出來。

電子書購買

國家圖書館出版品預行編目資料

準媽媽的孕期宮內事：孕前準備 × 孕期祕辛
× 生產過程 × 產後護理，跟隨醫師來一趟 280
天的生命旅程 / 京虎子著 . -- 第一版 . -- 臺北市
: 崧燁文化事業有限公司 , 2022.08
　　面；　公分
POD 版
ISBN 978-626-332-577-7(平裝)
1.CST: 懷孕 2.CST: 分娩 3.CST: 產前照護
4.CST: 產後照護
429.12　　111011030

準媽媽的孕期宮內事：孕前準備 × 孕期祕辛 × 生產過程 × 產後護理，跟隨醫師來一趟 280 天的生命旅程

臉書

作　　　者：京虎子
編　　　輯：柯馨婷
發 行 人：黃振庭
出 版 者：崧燁文化事業有限公司
發 行 者：崧燁文化事業有限公司
E - m a i l：sonbookservice@gmail.com
粉 絲 頁：https://www.facebook.com/sonbookss/
網　　　址：https://sonbook.net/
地　　　址：台北市中正區重慶南路一段六十一號八樓 815 室
Rm. 815, 8F., No.61, Sec. 1, Chongqing S. Rd., Zhongzheng Dist., Taipei City 100, Taiwan
電　　　話：(02) 2370-3310　　傳　　真：(02) 2388-1990
印　　　刷：京峯彩色印刷有限公司（京峰數位）
律師顧問：廣華律師事務所 張珮琦律師

定　　　價：299 元
發 行 日 期：2022 年 08 月第一版
◎本書以 POD 印製